Andrea Kurschus

Das Milchziegenbuch

Andrea Kurschus

Das Milchziegenbuch

Vom Hofbau bis zum Käsen

2., aktualisierte Auflage

70 Farbfotos
19 Zeichnungen

Inhaltsverzeichnis

Vorwort 7

Man muss die Ziegen lieben, um sie vernünftig zu halten 9

Trainieren Sie Ihre Nervenstärke 9
Sie sind Ihr wichtigster Mitarbeiter 10
Der Allroundhirte 10
Der Amtsschimmel steht mit im Stall 11
Ein weiter Weg zum Käse 11
Der dauernde Spagat zwischen Ökonomie und Ethik 12
Ohne Wenn und Aber, mit Haut und Haar 13

Startbedingungen für den Milchziegenhof 14

Die Hofstelle 14
Die Gebäude 16
Koppeln, soweit das Auge reicht 18
Heumahd in eigener Hand 19
Wenn es dem lieben Nachbarn doch gefällt 20
Durststrecke für den Geldbeutel 21
Der Schlechtwettertest 22
Bürokratie – wir entkommen dir nie 23

Ziegenhaltung oder Herdbuchzucht? 28

Die Herdbuchzucht 28
Der Anfang einer Herdbuchzucht 30
Die Milchleistungskontrolle – lästig aber informativ 30
Bonitur und Körung 33
Kennzeichnung ist wechselhaft 36
Die ausführenden Ziegenzüchter 37
CAE-Freiheit als Zuchtziel 39
Die passende Rasse und Klasse 39
Die Sache mit den Hörnern 41

Artgerechte Ziegenhaltung 44

Die offiziellen Bestimmungen ... und unsere Erfahrungen 44
Unsere Mindestanforderungen an den Stallbereich 46
Das Quartier der gehörnten Kavaliere 49
Melkstände à la carte 50
Die Koppelhaltung 51
Pflege dient der Lebenserhaltung Ihrer Koppeln 57

Fütterung 59

Raufutter – die wichtigste Ernährungskomponente der Wiederkäuer 59
Ergänzungsfuttermittel 60
Einfach und nicht risikolos: Fertigfuttermischungen 60
Nicht einfach aber ohne Risiko: eigene Kraftfuttermischungen 62
Silagefütterung – Gärprodukte mit Nebenwirkungen 62
Indikatoren guter oder mangelhafter Fütterung 63
Lämmer- und Bocksfütterung 63

Ziegenpflege und vorbeugende Naturheilkunde 66

Pediküre für die Vierbeiner 66
Das kleine Matterhorn aus Beton 70
Hörnerfett, Striegel und Schere 72
Euterpflege ist eine Selbstverständlichkeit! 73
Biologische Pharmazie zur Vorbeugung 73
Vorbeugende Heilpflanzen 74
Stallapotheke und Arzneimittelbestandsbuch 75

Ziegenpsychologie 77

Neugier und Lernfähigkeit 77
Herdenhierarchie und Karriereleiter 79
Bleibende Beziehungen zwischen Ziegendamen 80
In der Not sind alle Ziegen gleich 82
Kommunikationsweisen: Nur die unzufriedene Ziege meckert 83
Ziegen und Menschensignale 86
Erfahrungsaufbau und praktische Lernfähigkeit 87
Die guten Hirten 88

Deck- und Lammzeiten 91
Die Herren bitte nur im Spätsommer 91
Synchronisation der Deckzeiten – Verkürzung der Stresszeiten 93
Schreiben Sie mit! 96
Deckzeiten und Vorlauf für die Lammzeiten 96
Trockenstellen 96
Einmal im Jahr tief Luft holen können – oder auch nicht 97
Die Ablammphase – alles voller kleiner weißer Ohren 98
Menschliche Hilfe 102
Hilfestellungen nach der Geburt 105
Gute Mutter – schlechte Mutter 106
Ziegenkindergarten 108
Lämmerfütterung 110
Wohin mit dem überzähligen Nachwuchs? 110

Das Melken und die Milch 114
Handmelken – nur eine Methode ist richtig 115
Maschinenmelken leicht gemacht 116
Rohmilch und pasteurisierte Milch 118
Pasteurisierte Milch 120
Melk- und Milchhygiene 120
Eigenkontrolle der Milch 121

Die Käserei 123
Bauliche und technische Bedingungen 123
Achtung Amt! 124
HACCP – weltraumtaugliches Produzieren 124
Käsesorten und Zutaten 126
Das Prinzip des Käsens 126
Unser Hauskäse – schnell und unkompliziert 128

Was alles noch im Argen liegt 130
Die angebliche Gleichstellung der Kleinen Wiederkäuer 130
Engagement zahlt sich aus 131

Service 132
Jahresarbeitskalender 132
Epilog 135
Literatur 138
Adressen und Internet 139
Bildquellen 139
Register 140

Vorwort

In Erinnerung an Reinhold Kurschus und Heinz Klebingat

Mit viel Liebe, mit Ehrfurcht vor der Kreatur, mit wirtschaftlichem Interesse und mit viel Selbstausbeutung betreiben wir unseren Milchziegenhof. Wir nennen alle Tiere beim Namen – und sie kennen uns und sich selbst. Wir stellen statt anderer unsinniger Sachen ein vernünftiges, sehr schmackhaftes und äußerst gesundes Lebensmittel her. Aber: Der Weg vom Ausmisten über die Gesundheit der Ziegen, über das Verbringen der Wintervorräte bis zum Käse ist lang und manchmal sehr, sehr anstrengend. Es gibt jedoch genügend Kunden, die genau das zu schätzen wissen und in klingender Münze für dieses Gourmetprodukt bezahlen.

Das ist die Freiheit, die Sie finden können. Es ist die Stärke des Einzelnen auf seinem eigenen, kleinen Stück selbst bewirtschafteten Landes. Heute genauso wie im Mittelalter. Man kann damit nicht reich und berühmt werden. Aber man kann sein ehrliches Auskommen finden und man muss sich nicht verlieren oder demütigen und erniedrigen lassen, man wird nicht politischer Willkür ausgesetzt und bangt mindestens nicht um sein tägliches Brot.

Die Ziege passt dazu perfekt: Sie ist eigensinnig, intelligent und wild, sie weiß, was sie will, sie sucht Mittel und Wege für ihr Glück, sie schadet niemand anderem, sie will nur sie selbst sein. Sie ist der geborene Anarchist, sie stammt aus dem Ursprung. Ihre Haltung ist anstrengend aber höchst interessant – sagt sie doch so viel über das Potenzial aus, das wir Ziegenhirten selbst besitzen.

Andrea Kurschus
Palmzin im Herbst 2005

Neue Erkenntnisse und Erfahrungen bereichern unseren Ziegenhofalltag nach wie vor – deshalb gibt es diese überarbeitete, erweiterte und ergänzte Buchausgabe.
Und: **Nein, wir bereuen alles immer noch nicht!**

Andrea Kurschus
Palmzin

Ein neuer Tag im Ziegenparadies beginnt …

Man muss die Ziegen lieben, um sie vernünftig zu halten

„Falls du keine Sorgen hast – kauf dir eine Ziege."
(Dänisches Sprichwort)

Von der See kommt ein lauer Frühlingswind über die Felder auf unseren Hof. Die blühenden Kirschbäume verströmen ihren Duft in der Mittagssonne, das erste Schwalbenpaar hat mit dem Renovieren seines Nestes im Stall begonnen. Unsere Ziegen nehmen ein Sonnenbad im frischen Grün, sie sehen schön und gesund aus, und die bereits entwöhnten Lämmer toben und springen munter und erfreulich auf der Sommerkoppel. Robin, unser alter pensionierter Border Collie, döst im Schatten des Hoftores, die Hütehunde-Chefin Laika und ihre noch nicht ganz so professionelle Kollegin Bonnie beobachten die Ziegen auf den Koppeln. Mikesch, der dicke graue Hofkater, lauert auf Mäuse, weitere sieben Samtpfoten kontrollieren Ställe, Ziegen-Bauwagen und das Melkhaus. All die Tiere sind zufrieden – kein Meckern und Beschweren ist zu hören, kein Klagen, Bellen oder Maunzen, nur viele Singvögel und der laue Wind in den jungen Blättern.

In der Käserei ist alles in Ordnung. Gestern war die Lebensmittelkontrolle da und fand nichts auszusetzen, heute kam der wöchentliche Abholdienst, um unseren Käse zu den Hotels und Gourmetrestaurants an der Küste zu bringen. Der Marktverkauf läuft wie geschmiert und unsere Workshop-Gäste haben für heute Feierabend und erholen sich am Meer vom Melken und Käsemachen. Der Kühlung ist leer, die Kunden sind zufrieden, die Arbeit ist getan, der blaue Himmel wie blankgeputzt: Frieden. So schön kann das Leben auf einem Milchziegenhof sein.

Trainieren Sie Ihre Nervenstärke

Plötzlich zerschneidet ein schriller Brüller die Idylle, markerschütternd und unaufhörlich immer wieder. Da heißt es: alles stehen und liegen lassen, zügig hingehen und nachsehen und darauf gefasst sein, dass sich vielleicht nur ein dummes Lamm in irgendeiner neuen Selbstversuchsreihe im Zaun verfangen hat. Was harmlos wäre. Oder aber, dass sich etwas wirklich Schlimmes ereignet hat, das plötzliche Rettungsmaßnahmen, Werkzeuge, Helfer, gar die Tierärztin erforderlich macht. Es kann immer beides sein ...

Deshalb sind einige der Grundvoraussetzungen, die Sie mitbringen müssen, um einen eigenen Ziegenhof aufzubauen, Ruhe, starke Nerven und Geduld. Um nicht erschrocken oder panisch zu handeln, brauchen Sie Beherztheit und Entscheidungskraft. In der aktuellen Situation wird Ihnen sehr wahrscheinlich niemand zur Seite stehen, der sagt, was Sie jetzt sofort zu tun haben.

Sie entscheiden immer alleine. Das wird zusammen mit der wachsenden Erfahrung im Umgang mit den Tieren natürlich auch Ihr Selbstbewusstsein stärken. Aber gleichzeitig verantworten Sie jede Entscheidung selbst: die richtige genauso wie die falsche. Letztlich kann die falsche im Einzelfall oft nicht mehr korrigiert werden. Sie wird aber dazu dienen, daraus für das kommende Mal gelernt zu haben.

Sie sind Ihr wichtigster Mitarbeiter

Da der Ziegenhof aufgebaut werden soll und Sie (genau wie wir) wahrscheinlich nicht über unbegrenzte finanzielle Mittel verfügen, müssen Sie dazu imstande sein, eine ganze Menge unterschiedlichster Funktionen auszuüben oder mindestens mit zu übernehmen. Generelles handwerkliches Geschick und praktische Vernunft vorausgesetzt, müssen Sie gut organisieren und vorausplanen können, um Geld und Kraft zu sparen. Das betrifft sowohl die Futterbevorratung für den Winter, die naturgemäß im Sommer davor erfolgt, als auch die Vermeidung von selbst gelegten Fallen beim Aufbau von Koppelwegen und Hofanlagen.

Solche Sätze lesen sich wie Binsenweisheiten, aber ihre handfeste und reale Bedeutung stellt sich schnell unter Beweis, wenn die entsprechenden Mängel im Tagesablauf sichtbar und lästig werden.

Gut zu wissen

Alle Wegstrecken, die Sie auf Ihrer Hofstelle täglich zurücklegen, sollten so kurz und hindernislos wie irgend möglich sein. Alle Dinge, die Sie bewegen, tragen, heben sollten Sie möglichst jeweils nur einmal anfassen müssen. Alles, was in täglicher Wiederkehr zu schwer ist, sollte in kleinere Einheiten aufgeteilt werden – es ist ganz unproblematisch, aus einem Zentnersack Getreide besser immer gleich zwei kleinere und leichtere zu machen. Ihre Gesundheit wird es Ihnen danken!

Der Allroundhirte

Im Umgang mit Ihrer Herde werden Sie natürlich automatisch zum Tierpfleger, Tierpsychologen und ein wenig auch zum Veterinär, denn nicht immer ist der Hoftierarzt sofort zur Hand, wenn gehandelt werden muss. Sie dürfen sich nicht vor Blut, Schleim oder Schmerzensschreien fürchten und sich nicht davor scheuen, der Ziege in den Schlund oder in den Geburtskanal zu fassen, Abszesse zu öffnen oder Wunden zu versorgen.

Da der Tierpfleger mit den weniger attraktiven Bereichen von Klauenschneiden, Ausmisten, Versorgen und Füttern beschäftigt ist, bietet der Tierpsychologe den entsprechenden Ausgleich. Es gibt kaum etwas Spannenderes als die Entwicklung und Veränderung der Herdenhierarchie zu beobachten oder die angeborenen und imitierenden Verhaltensweisen der einzelnen Sauglämmer bei ihren sehr individuellen Ziegenmüttern. Ganz zu schweigen von der sensationellen Werbungs-Show, die die Zuchtböcke gegenüber den gehörnten Damen in der Brunst veranstalten. Das macht tagelanges Misten wieder wett.

Der Amtsschimmel steht mit im Stall

Manche von uns haben eine große Stärke beim Bewältigen von behördlichem Papierkrieg. Auch dieser muss auf dem Ziegenhof bedient werden: sei es beim Zuchtaufbau mit **Stallbuch** und LIC-/Herdbuchnummernlisten, sei es hinsichtlich der amtlichen Vorschriften und Verordnungen für Tierhaltung und Lebensmittelrecht oder Direktvermarktung, sei es mit Förderanträgen oder Steuererklärungen.

Um eine **EU-Zertifizierung** für die Käserei und sonstige Produktionsstätten Ihrer Lebensmittel aus Ziegenmilch zu erlangen, bedarf es erheblicher Nervenstärke und Aktenordner voll merkwürdiger Schriftstücke, deren Erstellung nicht nur viel Fantasie, sondern auch starkes bürokratisches Verständnis voraussetzt. Am Schönsten finden wir die jährliche Mitwirkungspflicht an der dickbändigen Agrarstatistik …

In puncto Direktvermarktung des Produktes braucht man einen gehörigen Schuss Werbeverstand, denn Kundensuche, Akquise und Reklame sowie Pressearbeit wird man mindestens zu Anfang größtenteils selber machen.

Gut zu wissen

Für all dies gibt es Verbandeshilfe, ohne die man es oft auch gar nicht schafft. Wir selber sind Mitglied verschiedener diesbezüglicher Verbände, aber das Grundsätzliche der entsprechenden Problemstellungen muss man am eigenen Schreibtisch erarbeiten können.

Ein weiter Weg zum Käse

Schlussendlich braucht es für guten Käse nicht nur gesunde Ziegen, gute Milch und einen ordentlichen Melker, sondern auch einen guten Käser. Käse machen kann erlernt werden – die Liebe zum Kochexperiment und eine gewisse Erfahrung damit bieten allerdings gute Grundlagen, die das Käsen erleichtern und auch ein Eingehen auf spezielle Kundenwünsche möglich machen.

Womit wir am Ende des Reigens angekommen sind: Vom Bohrhammer in Ihrer Hand bei Umbaubeginn auf Ihrer Hofstelle, über die Mistforke und Klauenschere, über Ihre rauchenden Hirnwindungen beim Ausfüllen der Agrarstatistik und der Ablammlisten, Ihr eigenes Webdesign und die regelmäßigen Eigen- und Behördenkontrollen bis hin zur gemolkenen Milch und zum fertigen Käse ist es ein langer aber kontinuierlicher Weg.

Wir wollen diesen Weg so beschreiben, wie wir ihn mit Höhen und Tiefen und mit gewachsener Erfahrung kennengelernt haben: Das wird kein Maßstab für jedermann sein, denn alle Ziegenhöfe sind anders entstanden und wirtschaften unterschiedlich. Alleine die Anlage der jeweiligen Hofstelle macht ganz individuelle Einrichtungen notwendig.

Zu guter Letzt geht der Käse auf die Reise zu den Kunden.

Unterschiedliches Klima und damit verbunden anderes Futterangebot bedingen eigene Abläufe und Planungen.

Der dauernde Spagat zwischen Ökonomie und Ethik

Unser Ziegenhof verbindet Wirtschaftlichkeit mit der Achtung vor der Kreatur. Das ist unsere Haltung, ohne die wir das Projekt erst gar nicht begonnen hätten, es ist unsere Geschäftsgrundlage. Wir arbeiten artgerecht und extensiv mit den Ziegen, was aus konventioneller Sicht rausgeschmissenes Geld sowie vertane Arbeitszeit und -kraft bedeutet.

Unserer Ansicht nach erzielen wir ein hervorragendes Produkt, das sich teurer verkaufen lässt als ein industriell oder konventionell hergestelltes.

Es gibt aber auch Ziegenhaltung von mehr als tausend Tieren, wo alle Abläufe wie in einer Fabrikation vonstatten gehen, wo kein Tier mehr individuell betreut wird und die knapp zweitausend Lämmer den Müttern bereits wenige Stunden nach ihrer Geburt weggenommen und als Säuglinge schon mit vier Wochen geschlachtet werden. Diese Ziegenfabriken sind wirtschaftlich natürlich supereffektiv und verkaufen ihren Industrieziegenkäse landauf landab extrem erfolgreich – dagegen ist unser Ziegenhof ein mickeriger, unwirtschaftlicher Kleinstbetrieb.

Bei aller Tierliebe muss sich die Sache aber rechnen lassen, deshalb treffen auch wir Entscheidungen, die die Ziegen einschränken und eher der **Rentabilität** dienen. Wo die jeweilige Grenze für den einzelnen Ziegenhof anzulegen ist, muss jeder Betreiber für sich selbst bestimmen. Im individuellen Fall sollte man bemüht sein, den scheinbaren Gegensatz von Wirtschaftlichkeit und artgerechter Haltung zum Vorteil des Tieres aufzulösen. Wir glauben, dass dies machbar ist, und versuchen unseren Hof auf diese Weise zu führen.

Gut zu wissen

Inzwischen gibt es viele Kunden, denen eine transparente Produktion und artgerechte Tierhaltung für ihr Lebensmittel wichtig ist.

Und wir sind zudem der Überzeugung, dass artgerecht gehaltene Tiere weniger krankheitsanfällig und wesentlich leistungsstärker sind, als angebundene auf Spaltenboden und ohne Draußenwelt.

Ohne Wenn und Aber, mit Haut und Haar

Draußen scheint immer noch die Sonne, es schneit Kirschblütenblätter auf zufriedene Ziegen, alles ist gut – aber die heftigste Bedingung zum Betreiben eines Milchziegenhofes haben wir noch nicht vom Stapel gelassen:

- Sie müssen sich uneingeschränkt darauf einlassen, felsenfest an Ihrer Scholle zu kleben – Frühling, Sommer, Herbst und Winter. Bei jedem Wetter und egal, wie Sie sich fühlen. Mindestens dreihundertvierzig Tage im Jahr, wenn Sie es geschafft haben, Brunst und Deckzeiten Ihrer Herde zu synchronisieren, sonst auch länger.
- Und Sie haben mindestens neun Monate im Jahr keine Chance, samstags oder sonntags einmal auszuschlafen, denn Sie betreiben eine Wirtschaft mit durchgängiger Sieben-Tage-Woche, alle zwölf Stunden steht Melken auf dem Plan.
- Wenn Sie wie wir sogar eine kleine Ziegengruppe im Winter durchmelken, dann ist an Ausschlafen praktisch nie mehr zu denken ... Tag für Tag, Monat für Monat, Jahr für Jahr.

Die Entscheidung dafür muss vollkommen eindeutig getroffen werden, sonst brauchen Sie erst gar nicht anzufangen.

Denn man tau!

Vorpommern kann ein Wintermärchen sein.

Startbedingungen für den Milchziegenhof

Die geeignete Hofstelle steht am Anfang des Milchziegenhofes. Glücklicherweise lässt sich die Ziege schier überall halten, auch wenn sie ursprünglich ein Gebirgstier ist. Die einzelnen Ziegenrassen sind unterschiedlich witterungstauglich, worauf wir später noch eingehen werden. Auf jeden Fall wird sich die passende Sorte für Ihre Gegend finden lassen.

Die Hofstelle

Ab einer nennenswerten Herdengröße bedeutet ein Ziegenhof auch Lärm- und Geruchsbelästigung der Außenwelt. Als besonders unangenehm werden die Ziegenböcke während der **Brunstzeit** empfunden, wenn sie ihr Duftsekret absondern und sich selbst mit Urin bespritzen.

Für die Ziegendamen ist das sehr betörend, dem Menschen jedoch wesentlich zu offensiv in der Wahrnehmung. Auch wir ziehen extra Oberbekleidung an, wenn zum **brünstigen Bock** gegangen werden muss: Jede Berührung mit seinem Fell ist lang anhaftend und selbst nach mehrmaligem Händewaschen bekommt man den Gestank kaum weg.

Die gehörnten Jungs sehen zu diesem Zeitpunkt auch äußerst ungepflegt und pennerhaft aus, weil ihr Fell und Bart mit Sekret und Urin verschmiert ist. Dieser Zustand währt jedoch zum Glück nicht ewig, höchstens drei Sommermonate lang.

Info

Die künstliche Besamung bei Ziegen steckt noch in den Kinderschuhen und gilt als sehr unzuverlässig, aufwendig und relativ erfolglos.

Strenger Duft in der Luft

Aber da liegt genau das Problem: Sommers sind die Nachbarn draußen, der Wind trägt den Duft überraschend weit und die Grillparty nebenan kann leicht kontaminiert werden. Deshalb gab es noch bis vor fünfzig Jahren, als die Ziegenhaltung mindestens auf den Dörfern weit verbreitet war, vielerorts eine **Bockstation,** wo der Deckbock für alle umliegenden Ziegenhalter stand. Diese aber lag immer sehr abseits am äußersten Rand der menschlichen Ansiedlungen – aus gutem Grund. Das sollten Sie bedenken, wenn Sie eine Hofstelle suchen. Denn um einen Bock – oder wenn Sie züchten wollen mindestens zwei Böcke – werden Sie nicht herumkommen.

Mathilda schaut nach dem Wetter.

Ein guter Standort

Am besten am Dorfrand oder in Einzellage sollten Sie den Ort Ihrer Wahl suchen. Wir haben in dieser Hinsicht großes Glück gehabt, denn für unseren Hof gilt beinahe beides: Er liegt am Dorfeingang und gewissermaßen allein auf seiner Straßenseite, denn es handelt sich um einen Neubauernhof, der für die Kriegsflüchtlinge aus Ostpreußen am Straßenrand gegenüber eines alten Dorfes erbaut wurde.

Solche Neubauernhöfe gab und gibt es in den ländlichen Regionen der ehemaligen DDR häufig, sie sind vom Baustil her alle ziemlich schlicht angelegt und auch annähernd gleich mit etwa zehn Hektar Acker- oder Grünland ausgestattet. Häufig befinden sich derartige Höfe im sogenannten Ausbau eines Dorfes. Für die Zwecke eines Ziegenhofes lässt sich von Aufteilung, Lage und Größe her kaum etwas Passenderes finden.

Dagegen spricht die Entfernung zum **Kunden.** Sie wollen Ihren Käse ja verkaufen, wozu sich aufgrund der geringen Menge des Produktes unbedingt die **Direktvermarktung** anbietet, um wirtschaftlich zu arbeiten. Doch der Weg zum Kunden darf nicht unsinnig weit sein. Und umgekehrt: Wenn Sie auch ab Hof verkaufen wollen, muss der Kunde zu Ihnen kommen können, ohne gleich eine Weltreise zu unternehmen. Das würde er vermutlich nur einmal und nie wieder tun.

Es gibt auch in kleinstädtischer Lage Milchziegenhöfe, deren Bockshaltung und Deckgeschehen sich weit entfernt auf außerhalb liegenden Koppeln abspielt. Die Folge ist, dass die Ziegen zum Decken einzeln oder in Grüppchen dorthin verbracht und wieder zum Melken abgeholt werden müssen und die Böcke praktisch unbeaufsichtigt allen möglichen Gefahren wie streunenden Hunden ausgesetzt sind.

Das kann sicherlich gutgehen, wenn die **Bockskoppeln** aus- und einbruchsicher umzäunt werden, im Idealfall ein **Herdenschutzhund**

Info

Die ideale Mitte zwischen den beiden Extrembeispielen findet sich im direkten Einzugsgebiet von Großstädten oder touristischen Zentren als Absatzmärkten bei dörflicher Rand- oder Einzellage des Hofes.

bei den Böcken lebt. Ein Restrisiko bleibt aber. Dafür hat man seine Kundschaft direkt vor der Tür, was die anderen Umständlichkeiten vielleicht aufwiegt.

Die Gebäude

Doch es kommt nicht alleine auf die Lage des Hofes an, sondern auch auf seine Ausstattung mit Wohnhaus, Nebengebäuden und Stallungen sowie auf das dazugehörige oder dazuzupachtende Land.

Ihr zukünftiges Heim

Unser guter und ernst gemeinter Rat: Befinden Sie zuallererst über das **Wohnhaus.** Sie müssen sich auf Ihrem Hof wohlfühlen, da er Ihr Dauerarbeitsplatz sein wird. Sie werden die meiste Zeit hier verbringen und Sie brauchen für sich selbst einen Ort, an dem Sie sich daheimfühlen und zurückziehen können, der der Entspannung und Regeneration dient.

Bevor wir irgendetwas anderes instand gesetzt und repariert haben, haben wir dafür gesorgt, unser Wohnhaus in einen behaglichen Zustand zu bringen. Und zwar möglichst komplett mit allen Zimmern und Etagen, denn nichts ist in der Folge schlimmer, als mehrere Baustellen gleichzeitig betreuen zu müssen. Die Arbeiten werden dann schnell un-

Ein Traum von einem Ziegenhof!

übersichtlich und machen konfus, wenn kein ruhender Pol wie eine saubere, aufgeräumte und funktionsfähige Wohnstätte zur Verfügung steht. Denn diese ist Ihr unbedingter Rückzugsort, wenn draußen die Arbeiten bei minus 15 Grad, Schneegraupel, scheinbar ewiger Dunkelheit, eingefrorenen Wassertrögen, nassen Gummistiefeln und schreienden gebärenden Ziegen im Winter weitergehen.

Nebengebäude über Nebengebäude

Wichtig sind auch die Nebengebäude. Idealerweise verfügt ein Hof über einen **Erdkeller,** der frostfrei, ungeziefersicher und geräumig genug ist, um Nassfutter wie Rüben und Obst in ausreichender Menge über den Winter einlagern zu können.

Wünschenswert sind außerdem trockene Schuppen oder Anbauten, in denen sich Getreide, Werkzeuge, Stalltechnik, Chemikalien und Gerätschaften aufbewahren lassen. Noch schöner, wenn ein großer **Heuschober** dabei ist, in dem sich das Winterheu ebenerdig unterbringen lässt.

Ein bis zwei geräumige Garagen, vielleicht noch ein überdachter Werkplatz mit festem Untergrund ... Alles Gute ist jedoch nie beisammen, daher wird man in dieser Hinsicht immer mehr oder weniger improvisieren müssen und nach und nach mit neuen Gebäuden das aufstocken, was anfangs nicht vorhanden war. Und als Landwirt sind Sie von allzu restriktiven Bauvorschriften glücklicherweise befreit.

Dreh- und Angelpunkt: der Stall

Wesentlich ist der **Stall**. Ziegen können in praktisch jeder Art von Stall untergebracht werden, wenn er innenarchitektonisch entsprechend umgerüstet wird. Das Innere des Stalles muss schließlich komplett auf Ziegen umgestellt werden, daher ist es fürs Erste gleichgültig, welche Abteilungen für die vorherigen Bewohner hier zu finden waren.

Die Erfahrung zeigt allerdings, dass die wirklich alten Stallgebäude aus Backsteinklinker oder Natursteinen über einen unschlagbaren Vorteil gegenüber sämtlichen anderen und auch hypermodernen Anlagen verfügen: das **Stallklima.**

Selbst superteure Neubauställe können mit diesem althergebrachten Stallklima nicht von alleine mithalten: Hier braucht es im Sommer zur Vermeidung von **Hitzestress** künstliche Kühlung und Belüftung sowie im Winter Beiheizung, damit die Lämmer nicht erfrieren. Das kostet jede Menge zusätzlicher Energie.

Der gemauerte Stall ist außerdem ein rustikaler Hingucker, der sich auch außen schön gestalten und mit Kletterpflanzen beranken lässt. Ihre Kunden wollen schließlich auch ein wenig ländliche Idylle mit dem handgestreichelten Käse kaufen, wenn sie schon zu Ihnen hinkommen. Und die ist mit einem grauen Betonplattenteil oder mit Alubaustücken kaum zu vermitteln.

Gut zu wissen

In Steinställen ist es im Sommer immer wesentlich kühler als draußen, was sich messbar positiv auf die Milchleistung der Tiere auswirkt. Im Winter sind sie mit entsprechender Besatzstärke frostfrei, was für die Ablammphase, die ja in die kälteste Jahreszeit fällt, unbedingt vorteilhaft ist.

Frieda „guckt“ mit den Ohren.

Der thermodynamische Effekt: ein alter Heuboden

Ein alter Stall verfügt zu allermeist über einen ein- oder gar doppeletagigen **Heuboden**. Das ist schön und praktisch, um das Heu durch **Bodenluken** in den Stall abzuwerfen, aber schrecklich arbeitsintensiv anlässlich der Heumahd und dem dazugehörigen Ballenstapeln. Sie bekommen garantiert dicke Muskeln und lange Arme beim Staken. Die **Wärmedämmung** aber, die durch einen gefüllten Heuboden im Stalldach entsteht, lernt man in arktischen Wintermonaten und in brennender Sommerhitze sehr zu schätzen.

Koppeln, soweit das Auge reicht

Bleibt das Koppelland. Im Glücksfall können Sie die **Koppeln** mehr oder minder rund um Ihren Kernhof, das Wohngebäude und die Wirtschaftsgebäude anlegen. Damit erreichen Sie permanente Kontrolle über die Tiere, die sich dort aufhalten. Sie können sie hören, sehen und bei allen täglichen Verrichtungen weitgehend in Ohr und Auge behalten.

Unsere Ziegen tragen Lederhalsbänder mit hellen Bronzeglöckchen. Wenn die Herde plötzlich zu rennen anfängt, kann man Richtung und Dauer der Fluchtbewegung registrieren, ohne sofort zu der betreffenden Koppel hingehen zu müssen. Wir hören praktisch aus dem Hinterkopf, ob der Fluchtalarm der Ziegen Ernst zu nehmen ist oder nicht, ob man sich jetzt darum kümmern muss oder ob sich die Flucht auslösende Sachlage von alleine erledigt hat.

Als unser Zuchtbock Kaspar noch ein Jüngling und leichtgewichtig plus sprungtüchtig war, startete er mehrere Ausbruchsversuche in späten, warmen Sommernächten, um zu seinen angebeteten Damen in den Stall zu gelangen. Es genügte ihm nicht, tagsüber die Gesellschaft der Damen zu genießen, es sollte rund um die Uhr sein. Die Glocke verriet ihn. So hatten wir das Vergnügen einiger nächtlicher Rodeos, um den Knaben wieder vom Stallbereich weg auf seine Heimatkoppel zu bugsieren.

Tipp

Da unsere beiden erwachsenen Zuchtböcke größere, tiefer klingende Glocken tragen, können wir mitbekommen, ob deren Klang immer noch aus der richtigen Richtung kommt oder ob einer der gehörnten Kavaliere auf eine Koppel ausgebrochen ist, die nicht für ihn vorgesehen war.

Info

Eine (förderfähige) naturschutzgerechte, extensive Koppelhaltung ist gesetzlich mit rund elf Ziegen pro Hektar definiert.

Koppelmathematik

Anzahl und Größe der Koppeln richtet sich nach der **Besatzstärke** und damit letztlich nach dem Bestand, den Sie erreichen wollen. Faustregel: 30 gute Milchziegen ernähren eine Person.

Wesentlich ist die vernünftige Unterteilung, denn in der Vollvegetationsphase von Mai bis August sollten die Ziegen alle sechs Wochen umgestellt werden können. Einerseits damit das Weideland sich vom Abweiden erholen und ausblühen kann, andererseits damit keine **Selbstverwurmung** der Tiere stattfindet.

Im Herbst, Winter und Vorfrühling lassen wir die Zwischentore unserer Koppeln offen und vergrößern damit den Grasungsbereich, damit die Ziegen überhaupt etwas zu knabbern finden können. Die Verwurmungsgefahr ist zu diesen Zeiten seitens der Natur sowieso minimiert.

Immer den Überblick: der Boss auf dem Heuboden!

Heumahd in eigener Hand

Nun fehlt nur noch das **Grünland** Ihres Ziegenhofes. Auf alle Fälle ist es rechnerisch besser, Grünland in geeigneter Menge zu pachten oder zu kaufen, als das nötige **Heu** fremd einzukaufen. Sie haben es dann in der Hand, wie das Grünland – und damit Ihr Futter – bearbeitet wird.

Sollten Sie landwirtschaftliche Großgeräte zur **Heugewinnung** besitzen und bedienen können, gibt es weiter nichts nachzudenken. Wenn dem nicht so ist, empfiehlt sich landwirtschaftliche **Lohnarbeit.** Wir lassen unser Heu in mittelgroßen Ballen von zwei gestandenen Ruhestandslandwirten machen, die die alte Kunst und Schule der Grünlandpflege und Heumahd bewundernswert beherrschen und gerne bei uns etwas dazuverdienen. Wir sprechen uns regelmäßig über Wieviel und Wann ab, beobachten gespannt das Wetter bei der Mahd und packen alle zusammen an, wenn die frisch gepressten Heuballen auf den Hof kommen.

Günstiger ist sicherlich die eigene **Grünlandbewirtschaftung** – aber das kostet auch eine Menge Zeit, denn jeden Monat (außer im Winter) muss mit dem Grünland gearbeitet werden. Idealerweise bauen Sie auch selbst Ihre Rüben und genügend Getreide als **Kraftfutter** an, um nichts mehr dazukaufen zu müssen. Den Zeitfaktor für die Pflanzenproduktion sollte man allerdings immer bedenken.

Wenn Sie vertrauenswürdige Bauern in Ihrer Umgebung haben, können Sie jährlich zur Erntezeit Ihren jeweiligen Gesamtbedarf an Heu, Getreide und Rüben anmelden und vorbestellen, eventuell anzahlen und bei den betreffenden Erzeugern eingelagert lassen, bis Sie Nachschub brauchen und ihn anliefern lassen. Das ist die einfachste

Jede Koppel hat Ziegenstraßen mit eigenen Verkehrsregeln.

Methode, wenn auch nicht die preisgünstigste. Und man muss sich auf die Lieferanten verlassen können, damit man nicht plötzlich mitten im Winter ohne Heu oder Korn dasteht.

Wenn es dem lieben Nachbarn doch gefällt

Im Großen und Ganzen wäre damit Ihr Ziegenhof komplett. Wenn er Realität wird, befindet er sich jedoch nicht in einem theoretischen Landstrich, sondern in unmittelbarer Nachbarschaft zu wirklichen Menschen und ihren Lebensgeschichten.

Es ist unmöglich, in einem Dorf leben und arbeiten zu wollen, ohne sich zu integrieren und an die gewachsenen Gepflogenheiten mindestens begrenzt anzupassen. Außerdem wissen die Dörfler seit Generationen Bescheid über alles: was wann wo wächst und gedeiht, welcher Boden wofür geeignet oder ungeeignet ist, welche Raubgreifer und andere Wildtiere zur Gefahr werden können – einfach alles, was Sie als Neuling dringend in Erfahrung bringen müssen, damit Ihr Unterfangen gelingen kann.

Fragen Sie und hören Sie den Leuten zu – Menschen genießen es im Allgemeinen, einen Unwissenden an ihrem eigenen, unschätzbaren Erfahrungsreichtum teilhaben zu lassen. Es macht sie wichtig. Und damit können Sie sie für sich einnehmen und selber von ihren Erfahrungen profitieren.

Schließlich verändern Sie etwas für alle: Sie machen aus diesem Dorf plötzlich das Dorf mit dem Ziegenhof. Durch den Hofverkauf von Käse kommen mehr Fremde zu Besuch hierher als sonst an Weihnach-

Tipp

Sie tun gut daran, die Leute für sich und Ihr Vorhaben zu gewinnen: nicht nur, was die Böcke und ihr spezielles Sommerparfüm betrifft, sondern ganz allgemein. Eine Dorfstruktur ist immer seit Ewigkeiten gewachsen und die Alteingesessenen reagieren auf Neues manchmal argwöhnisch oder sogar ablehnend.

ten und Ostern zusammen. Seien Sie behutsam und langmütig und machen Sie sich immer klar, dass Sie der Eindringling sind und erst unter Beweis stellen müssen, dass die anderen nicht durch Sie eingeschränkt oder belästigt werden.

Kompensationshandel und Nachbarschaftshilfe

Wenn Sie erst einmal dazugehören, werden Sie reich belohnt – allein dadurch, dass Sie in die lange und erstaunliche Kette von unentgeltlichen Tauschgeschäften mit einbezogen werden. Das Dorf ist im innersten Kern immer noch ein weitgehend autarker Mikrokosmos. Es kommt auf gegenseitige Kooperation an, man ist aufeinander angewiesen. Im Dorf funktioniert vieles noch ohne Zahlungsmittel, Tausch gegen Tausch, wie vor Jahrhunderten, und das ist gut so. Dienstleistungen und Dinge fließen von einem zum nächsten, unbürokratisch und unkompliziert als Kompensationshandel, als nachbarschaftliche Hilfe.

Im Hintergrund des Dorfgefüges existiert eine komplizierte Wertermittlung, mit deren Hilfe die Gaben und Gegengaben verrechnet werden. Jeder hat bei jedem am Schluss irgendwie immer noch etwas gut, wenn das komplexe System richtig angewandt und ausgelebt wird. Das ist der eigentliche Trick daran, das hält die Sache am Laufen. Es funktioniert im tiefsten Bayern genauso wie im Küstenvorland Vorpommerns und man kann nur hoffen, dass diese Tradition am Leben bleibt, allen Globalisierungs- und Vereinzelungstendenzen zum Trotz.

Durststrecke für den Geldbeutel

Wie auch immer: Um Ihren Ziegenhof zu etablieren, müssen Sie eine gewisse Anlaufzeit und Anfangsinvestitionen einrechnen. Mit einem Senkrechtstart ist es nur dann getan, wenn Sie zufällig im Lotto gewonnen oder eine nennenswerte Erbschaft gemacht haben.

Gehen Sie schlicht und einfach davon aus, dass es zwei Jahre mindestens braucht, bis Sie auf einen sichtbar grünen Zweig kommen. So lange werden Sie brauchen, mit den Ziegen richtig arbeiten zu lernen, Ihre eigene **Arbeitsökonomie** zu entwickeln, **Kunden** zu werben und zu halten, Ihr **Produkt** verkaufsreif zu entwickeln und herzustellen, den Hof mindestens semiprofessionell aufzubauen und das gesamte Drum und Dran aller behördlichen, rechtlichen und sonstigen Bedingungen zu erfüllen. Diese Zeit müssen Sie und die Tiere finanziell überstehen können. Hinzu kommen die **Anfangsinvestitionen** von Hofkauf, Stalleinrichtung und zumindest rudimentären Käsereieinbauten. Das kann zu Beginn durchaus einfach und bescheiden angelegt sein, aber die Zielrichtung der Investition geht ja von der hobbymäßigen Selbstversorgung hin zur sich selbst tragenden **Vollerwerbslandwirtschaft**: also müssen zur rechten Zeit professionelle Maschinen und Technik für Stall, Melken und Käsen aufgestockt werden. Sie haben Zeit genug, um

Ziegenfreundin Frederike beim Nachbarschaftsflirt.

in Ruhe nach gebrauchtem Equipment Ausschau zu halten.

In den Neuen Bundesländern sind Hofkauf und Kauf/Pacht von Grünland vergleichsweise kostengünstig. Dafür haben Sie weit weniger **Kundenpotenzial,** das Ihren handgefertigten, teuren Ziegenkäse kaufen will, außer Sie befinden sich in unmittelbarer Nähe von touristischen Zentren oder Ballungsgebieten. In den Alten Ländern ist es praktisch umgekehrt: Die Kunden stehen vor Ihrer Tür, aber zusammenhängendes Hof- und Koppelland ist entweder gar nicht oder nur unsäglich teuer zu bekommen.

Machen Sie sich schlau über die Bauernzeitung oder überregionale Maklerbüros. Entscheiden Sie nach dem Herzen und immer nur vor Ort, denn Sie werden an dieser Hofstelle Wurzeln schlagen müssen, ohne Wenn und Aber.

Der Schlechtwettertest

Wir haben uns für unsere beiden, inzwischen zusammenhängenden Hofstellen, die jetzt ein größeres Gehöft bilden, im Winter entschieden – bei entsetzlich schrecklichem Wetter mit Nebel und Matsch und früh einbrechender Dunkelheit. Das raue Land Vorpommern bezeichnen die Hiesigen gerne schmeichelnd als Südschweden, aber winters ist es eher wie die subarktische Tundra weit im Norden jenes Landes.

Der Winter ist überall eine schwierige Jahreszeit, um sich für einen Hof zu entscheiden, auch in Bayern oder Baden-Württemberg. Wenn alle Obstbäume blühen, fällt es viel leichter. Wenn Fledermäuse im Abendlicht um den sommerwarmen Stall schwirren und die Koppelgräser hoch stehen, sieht man auf den ersten Blick hauptsächlich alles Schöne und Idyllische. Wenn es aber widriger nicht mehr geht, wenn die dicken Strumpfhosen unter der regendichten Thermohose, die doppelte Daunenjacke und die filzgefütterten Stiefel irgendwie doch nicht ausreichen, um warm und trocken zu bleiben, dann springen einen die Voraussicht auf raue Wirklichkeit und zähneklappernde Einsätze völlig unbeschönigt an. Solche Tage und Zeiten wird es immer wieder geben – man muss auch damit umgehen können.

Visualisieren Sie den schlimmsten Fall

Irgendwann stapfen Sie hustend und niesend mit der Akkulampe in der Thermohandschuhfaust durch einen waagrecht peitschenden Schneesturm bei erheblichen Minusgraden und suchen die Koppel ab nach der einen gehörnten trächtigen Dame, die leider nicht mit der Herde in den Stall gekommen ist. Und da ist sie endlich in der hintersten Ecke, die Wehen haben schon eingesetzt, sie will nicht mehr laufen, sie muss gezerrt werden, Schritt für Schritt in den Stall.

Mensch und Tier sind bis auf die Haut nass geschwitzt vor Stress und kalt vom Schneematsch. Das erste Lamm liegt auch noch falsch, es muss mit eiskalten Händen zurückgeschoben werden, gedreht, wenn die Ziege wieder presst, wieder ein bisschen gedreht und es dauert, bis die Ziege endlich wieder presst ...

Und dann ist es da, und das zweite kommt auch, und beide atmen und meckern mit kleinen Geräuschen, und die Mutter leckt ihre Zwillinge glücklich trocken. Sie lässt sich anmelken und die Zwerge saufen endlich und alles ist gut – bis auf Ihre eigene schreckliche Erkältung und das zwischenzeitlich ungenießbar verkochte Essen auf dem Herd.

Sie werden sich entscheiden müssen, bevor eine solche Situation eintritt, das haben wir auch getan. Bedenken Sie einfach, was alles auf Sie zukommen kann, damit Sie erahnen und spüren können, ob das Vorhaben und der Ort für Sie richtig sind.

Bürokratie – wir entkommen dir nie

Von Ort und Vorhaben vollkommen unabhängig sind – mindestens im europäischen Rechtsbereich – diverse bürokratische Zwänge, Zuständigkeiten und notwendige Behördengänge sowie Zulassungen (und die Vergabe furchtbar wichtiger Nummern). Da gibt es keine persönlichen Entscheidungsmöglichkeiten, lediglich zuständige **Ämter,** die Sie ganz unbedingt von vornherein in Ihr Unterfangen mit einbeziehen müssen. Sonst bekommen Sie eher früher als später Probleme bis handfesten und schlimmstenfalls kostspieligen Ärger. Unausweichlich wird also das ganze ernste Amtliche auf Sie zukommen: Finanzamt, Landwirtschaftsamt, Veterinäramt, Landwirtschaftliche Sozialversicherung.

Das Finanzamt

Ihr erster Weg führt zum Finanzamt, denn Sie brauchen eine **Steuernummer** für Ihren Milchziegenhof. Wir haben uns bei unserem Betrieb für die Form der landwirtschaftlichen **Urproduktion** entschieden. Das bedeutet, nur aus der eigenen Milch der eigenen Tiere ein Veredelungsprodukt herzustellen und selbst zu vermarkten: ein geschlossener Kreislauf.

Gut zu wissen

Man darf bei dieser Betriebsform einerseits keine Fremdprodukte verkaufen und auch nicht hinzukaufen: also auch keine fremde Milch verkäsen, um mehr Masse zu haben. Dafür ist man von Körperschafts- und Gewerbesteuer befreit und kann sich die Umsatzsteuer pauschalisieren lassen. Sie können also beim Finanzamt wählen, ob mit oder ohne Umsatzsteuer.

Für diese Entscheidung sollte man sich auf jeden Fall **steuerlich beraten** lassen, sie hat Vor- und Nachteile und diese sind sehr situationsbedingt von der individuellen Finanzplanung abhängig. Andere Milchziegenhöfe haben die Tierproduktion und Milcherzeugung betrieblich und steuerlich strikt von der Käserei und der Vermarktungsstrecke getrennt, was ebenfalls je nach Situation und Planung vorteilhaft sein kann.

Auf jeden Fall sollten Sie sich Rat holen, bevor Sie beim **Finanzamt** die Weichen für Ihr großes Vorhaben stellen. Die Experten dazu finden Sie in den Steuerabteilungen des lokalen **Bauernverbandes**, denn nicht jeder Steuerberater ist ein Fachmann für Agrarangelegenheiten.

Das Landwirtschaftsamt

Beim **Landwirtschaftsamt** müssen Sie Ihren Betrieb ebenfalls anmelden. Das ist auch wichtig, denn dort werden Förderanträge ausgegeben. Dort werden sie bewilligt, es werden **Bodenwerte** ermittelt und gegebenenfalls Auflagen erteilt. Alles, was mit den Flächen, die Sie landwirtschaftlich bearbeiten, zu tun hat, sei es als Koppelland oder **Grünland** zur Heuwerbung, wird hier bearbeitet. Die dort erfassten Daten zu Ihrem Betrieb werden auch immer direkt mit Ihren Daten bei der Landwirtschaftlichen Sozialversicherung abgeglichen – und Sie erhalten Ihre landwirtschaftliche **Betriebsnummer.**

Das Veterinäramt

Das zuständige **Veterinäramt** ist in zweierlei Hinsicht für Sie wichtig: Zum einen führt der **Amtsveterinär** sämtliche Nutztierbestände seines Einzugsbereiches, er benötigt alle Aktualisierungen von Anzahl und Kennungen der Tiere. Seine Anordnungen im Seuchen- oder Krankheitsfall haben amtshoheitlichen Rang, in seinem Kühlraum liegen die wesentlichen Impfstoffe, er bekommt von allen relevanten Laboruntersuchungen Ihrer Tiere automatisch eine Zweitschrift auf den Tisch.

Unser Amtsveterinär macht sich jährlich ein persönliches Bild vom Wohl und Wehe seiner Schützlinge und besucht die Tierproduktionsstätten, gibt Tipps und Anregungen. Er kann bei Verletzung der Tierschutzverordnungen Auflagen und Bußgelder verhängen oder den Betrieb dicht machen. Hier erhalten Sie Ihre **VVVO-Nummer** gemäß der Viehverkehrsverordnung.

Gut zu wissen

Da die betreffenden Mitarbeiter des Veterinäramtes sowieso ständig unangemeldet ungehinderten Zutritt zu Ihren Produktionsstätten haben, empfiehlt es sich dringend, sie von vornherein beratend mit ins Boot zu nehmen.

Zum anderen führen beim Veterinäramt alle Fäden der **Lebensmittelkontrolle** zusammen. Diese wird im Sinne des Verbraucherschutzes gerade und vor allem im Zusammenhang mit tierischer Produktion und Gewinnung von Rohstoff zur Veredelung äußerst penibel und hinsichtlich der Richtlinien und Verordnungen buchstabengetreu betrieben. Wenn Sie also Ihren Hof planen, die Stallungen, Koppelanlagen und die Melkschiene bis zur Käserei, laden Sie die entsprechenden Leute zur

Der junge Magnus als Märchenprinz.

Beratung ein. Besser, Sie bekommen vor Beginn der Baumaßnahmen und Einrichtungen gesagt, was vor Ort erforderlich sein wird, als hinterher, wenn die Weichen – womöglich fehlerhaft – gestellt sind und Sie Geld zum Fenster hinausgeworfen haben, weil Sie rückbauen und verändern müssen.

Das gilt zuvörderst für alle Produktionsstätten, in denen Sie mit Milch und Käse arbeiten: Ihr Veterinäramt muss mit Ihnen zusammen die Anträge für Ihre **EU-Zertifizierung** erstellen und dem zuständigen Ministerium vorlegen, das nach Prüfung und nach abschließender Ortsbesichtigung auf dem Hof eine Zulassung erteilt oder auch nicht. Also ist eine enge und vor allem frühzeitige Kooperation mit der Lebensmittelhygiene unbedingt ratsam und sinnvoll.

Die gesetzliche Sozialversicherung für Landwirte

Ihr Milchziegenhof ist ein landwirtschaftlicher Betrieb – entweder ganz und gar in Form der **Urproduktion** oder mindestens teilweise, was die Tierproduktion anbetrifft. Hier können Sie sich bei der Landwirtschaftlichen **Sozialversicherung** zwischen sogenanntem Nebenerwerb und Haupterwerb entscheiden.

Der Landwirt ist in jedem Fall verpflichtet, Beiträge an die gesetzliche Landwirtschaftliche Krankenkasse, die Landwirtschaftliche Alterskasse und die Landwirtschaftliche **Berufsgenossenschaft** zu zahlen. Die dort geforderten Beiträge richten sich nach Umfang und Umsatz des Betriebes sowie nach Arbeitsstunden und Tierbestand und sie können im Vergleich zu anderen gesetzlichen Sozialversicherungen als moderat bezeichnet werden. Das könnte sich allerdings ändern, wenn die Sozialsysteme weiter reformiert und umgebaut werden. Detaillierte Informationen zu Leistungen und Beiträgen bekommen Sie bei der für Sie zuständigen Landwirtschaftlichen Sozialversicherung.

Wir finden es sehr positiv und beruhigend, dass die Landwirtschaftliche Berufsgenossenschaft im Krankheits- oder Unfallsfall des Landwirtes sofort eine **Betriebshilfe** und gegebenenfalls auch eine Haushaltshilfe gewährt und finanziert, um den Hof und den gesamten Betrieb mit seinem Tierbestand zu versorgen und am Laufen zu halten. Dafür gibt es abrufbare Springer, die von der Versicherung benannt, vermittelt und angestellt werden, oder aber Sie erhalten einen Lohnersatz für selbst beschaffte Mitarbeiter.

Die jungen Wilden: Emma, Quitte, Elli und Lisanne auf ihren Felsen.

Allerdings gilt das nicht fürs Käsen, denn Käserei ist nicht als landwirtschaftliche Tätigkeit definiert und im Versicherungsumfang daher nicht enthalten. Die Betriebshilfe würde also Ihre Ziegen lediglich versorgen und melken, die Milch aber wegkippen statt zu verkäsen. Im Ernstfall wäre das jedoch trotz alledem eine echte Rettung, denn wenn die Ziegen wenigstens weiter in Milch stehen, können Sie in Ihren laufenden Betrieb normal einsteigen sobald es wieder geht.

Die Tierseuchenkasse

Auch wenn in Mecklenburg-Vorpommern immer alles fünfzig Jahre später passiert als anderswo in der Welt: Seit zwei Jahren immerhin hat auch dieses Land eingesehen, dass es Ziegen als Nutztiere gibt, die den Schafen gleichzustellen sind. Und nun haben wir erreicht, was es überall schon lange gibt: Unsere Ziegen werden bei der **Tierseuchenkasse** (mit natürlich wieder eigener **HIT-Registriernummer;** HIT steht für das Wortungetüm „Herkunftssicherungs- und Informationssystem Tiere") geführt und versichert. Dazu muss jedes Jahr aufs Neue eine Bestandsmeldung abgegeben werden, die mit allen anderen Bestandsmeldungen, die man so abgeben muss, behördenintern abgeglichen wird.

Dann werden Beiträge fällig und wir sind endlich glücklich versichert. Im schlimmsten aller Fälle erhält man finanziellen Ausgleich, wenn es die Herde aufgrund einer offiziell anerkannten und bescheinigten Seuche dahinrafft. Im Normalfall trägt die Tierseuchenkasse einige Untersuchungen, die von Amtswegen angeordnet sind (beispielsweise bei der jährlichen Blutuntersuchung die Laborkosten für **Brucellose**), oder vom Tierarzt angeordnet (wenn ungewöhnlich viele Verlammungen stattfinden und Föten oder Futter mit dem Verdacht auf Verunreinigung und Vergiftung untersucht werden sollen).

Ziegenhaltung oder Herdbuchzucht?

„Die Ziege mag lügen, aber ihre Hörner nicht.“
(Montenegrinisches Sprichwort)

Manche Leute betreiben ihre Milchziegenwirtschaft mit einem Tierbestand, der alles umfasst, was zwei Hörner und vier Beine hat, zu den **Kleinen Wiederkäuern** gehört und kein Schaf ist. Diese bunt zusammengewürfelten Ziegenherden sind sehr abwechslungsreich und farbenfroh für den Betrachter sowie ohne Kosten und Mühen für eine Zuchtarbeit. Das aber sind auch schon alle Vorteile.

Die Nachteile einer solchen Kraut-und-Rüben-Herde jedoch sind mannigfaltig. Das beginnt zuvorderst damit, dass Sie **Erbkrankheiten** und **Inzucht,** aus der zwangsläufig degenerative Vererbungsschäden folgen, nicht verhindern können. Die häufig damit verbundenen Ausfälle machen eine schnellere Fluktuation in der Herde erforderlich, wobei die eigenen Nachkömmlinge oft nicht ausreichen, um die frei gewordenen Plätze reproduktiv aufzufüllen.

Daher muss öfter als ratsam dazugekauft werden. Jeder Neukauf von Ziegen birgt immer das Risiko, Krankheiten in die Herde einzuschleppen, und führt mit Sicherheit zu Schwierigkeiten innerhalb der bestehenden **Herdenhierarchie.** Es entstehen mittelfristig Unruhe, Tierarztkosten und schlimmstenfalls – je nach erforderlicher Medikation – langfristige **Wartezeiten** für die Milchverwertung, also eindeutig unwirtschaftliche Faktoren.

Die Herdbuchzucht

Hierzulande wird generalisierend dem Zuchtgedanken, verbunden mit Rassereinhaltung und **Selektion,** mit einem gewissen Ressentiment begegnet. Auch wir hatten damit zunächst unsere ideologische Probleme, jedoch belehrte uns die Praxis der züchterischen Vorteile hinsichtlich landwirtschaftlicher Nutztiere. Es wird immer wieder ein schwer melkbares Tier auftreten oder eines mit Hängeeuter, es gibt erbliche **Dispo-**

sitionen für fette oder fettarme Milch, schlechte oder gute Anlagen in puncto Klauen, Hörner und Körperbau, Veranlagungen zu Nasenpickeln oder seltsamen Allergien, vor allem aber ganz klar erbliche Unterschiede in Bezug auf die Milchleistung.

Auch das Zuchtbestreben hat seine Grenzen

Wie bei allen anderen Tierrassen kann man auch die selektive Ziegenzüchtung übertreiben. Dann werden sich zunächst positive Ergebnisse auf lange Sicht ins Gegenteil verkehren. Wir haben es schließlich mit Lebewesen und ihrem komplexen Körpersystem zu tun, und das muss unbedingt ganzheitlich betrachtet werden, um in einem gesunden Gleichgewicht bleiben zu können. Wenn ausschließlich auf ein einzelnes Kriterium hingezüchtet wird (wie hohe Milchleistung oder schnelle Gewichtszunahme), entstehen Turbolinien, bei denen es an anderer Stelle hapert. Die Tiere verlieren an **Widerstandsfähigkeit** und zeigen verstärkt gesundheitliche Defekte. Sicherlich ist eine Milchziegenherde mit guten bis durchschnittlichen Leistungswerten und stabiler Gesundheit erstrebenswerter und auch ökonomischer als eine Gruppe von Höchstleistungstieren, die ständig in tierärztlicher Behandlung sein müssen und deren Lebenserwartung zusammenschrumpft. Wir kennen das alle von den hochgezüchteten Hybridschweinen, die vor lauter Fleisch nicht mehr laufen können oder von Turbokühen, deren Euter

Gut zu wissen

Da beim Aufbau einer Milchziegenherde jedes Jahr ein neuer Generationssprung vollzogen wird, können Sie die entsprechenden züchterischen Erfolge und Pleiten sehr zeitnah selbst erleben und erkennen. Und diese wichtigen Erfahrungen werden Kosten und Arbeit mit dem Aufbau einer Herdbuchzucht wettmachen.

Maurus, der Elitebock, flirtet mit seiner Clara.

Info

Selektive Züchtung ist sinnvoll, wenn unerwünschte Kriterien verdrängt werden sollen. Jedoch sollte als Zuchtziel nicht nur die Leistung, sondern unbedingt auch gesundheitliche Stabilität und Robustheit gewertet werden.

trotz dreimaligen Melkens am Tag so angeschwollen ist, dass die Tiere nur in Anbindehaltung existieren können.

Der Anfang einer Herdbuchzucht

Um eine Ziegenzucht anzufangen, müssen Sie Ziegen mit **Herdbuchpapieren** kaufen: von einem Züchter, der mit seinem Tierbestand bei seinem zuständigen **Ziegenzuchtverband** registriert und geführt wird.

Dem Herdbuchnachweis eines Ziegenlammes können Sie die Bewertung von zwei Generationen seiner Vorfahren entnehmen: Muttertier und Vaterbock sowie deren jeweilige Mütter und Väter. Daran erkennen Sie, ob unerwünschte Inzucht im Spiel ist (wenn zum Beispiel Vater und Opa ein und derselbe Bock sind) und ob die **Milchleistung** und die Fruchtbarkeit der weiblichen Familienmitglieder im grünen Bereich liegen. Die wichtigen körperlichen Merkmale sind in Bewertungspunkten für alle sechs männlichen und weiblichen Vorfahren erfasst. Also kann sich das Lamm mit seinem Nachweispapier ausweisen – auch wenn seine individuelle Entwicklung damit natürlich nicht vorprogrammiert ist. Es geht um seine **Erbanlagen**, die erkennen lassen, wohin die Reise gehen kann.

Natürlich gibt es auch rassereine Ziegen, die nicht aus einer registrierten Zucht stammen. Diese werden **Vorbuchtiere** genannt, weil sie in keinem Zuchtbuch auftauchen und ihre Leistungen sowie ihre körperlichen Merkmale nicht kontrolliert und bewertet wurden. Nachkommen sogenannter Vorbuchtiere können, sofern sie aus einer Verpaarung mit einem **Zuchtbock** stammen, später auch ins **Herdbuch** aufgenommen werden. Aber es gibt dabei eben keine nachvollziehbare Kontrolle über Abstammung, Tiergesundheit, Fruchtbarkeit und Milchleistung der vorherigen Generationen. Und da Sie die Tiere empfehlenswerterweise als Lämmer kaufen, ist eine optische Beurteilung auch alles, was Sie über das Tier im Vorhinein herausfinden können. Vorbuchtiere kosten zwar weniger Geld als Zuchttiere, aber man kauft damit gewissermaßen die Ziege im Sack.

Die Milchleistungskontrolle – lästig aber informativ

Die Zuchtarbeit für Milchziegen konzentriert sich logischerweise schwerpunktmäßig auf die Milchleistung. Bei den Fleischrassen geht es in erster Linie um die Kontrolle der täglichen Gewichtszunahme der Mastlämmer.

Daher ist die Teilnahme an der regelmäßigen **Milchleistungskontrolle** eine Grundbedingung für jede Milchziegenzucht. Viele empfinden den Aufwand, der für diese Kontrollarbeit betrieben werden muss, als zu hoch. Tatsächlich sind auch wir jeden Monat froh, wenn die Kontrolle wieder absolviert ist. Nebenbei haben wir festgestellt, dass viele

Käse kaufende Kunden mehr Vertrauen in das Produkt aus einer Ziegenzucht haben als in jenes einer Mischmasch-Haltung.

Gut zu wissen

Die Milchleistungskontrolle rechnet sich sowohl hinsichtlich der Erkenntnisse für die eigene Zucht und den Herdenaufbau als auch in Anbetracht der höheren Preise, die für Lämmer aus Herdbuchzucht zu erzielen sind.

Praktischer Ablauf der Kontrolle

Die Milchleistungskontrollen variieren in den einzelnen Zuchtverbänden und Bundesländern geringfügig, im Großen und Ganzen ist der Ablauf aber ziemlich ähnlich. Spätestens achtundvierzig Tage nach dem **Ablammen** muss das Muttertier in die erste von jährlich acht Kontrollen. Dazu bekommt man vom jeweiligen **Landeskontrollverband** einen Probenkasten mit Reagenzien zur Verfügung gestellt, sowie die **HIT-Nummer**, unter welcher alle Tiere Ihres Betriebes geführt werden.

- Von jedem Kontrolltier wird nun das Abendgemelk mit einer geeichten Doppelbalkenwaage einzeln abgewogen und nach einem festgelegten Schlüssel anteilig mit einer speziellen Pipette in das Reagenzglas beprobt.
- Das Gleiche passiert am Morgen danach nochmals, wobei die Probe in dasselbe Reagenz zur Abendmilch des entsprechenden Tieres kommt.
- Dazu muss sowohl das Stallbuch als auch ein Begleitlaufzettel mit Herdbuchnummern und anderen Informationen ausgefüllt werden.
- Der Probekasten wird entweder vom Kontrollverband abgeholt oder muss zu einer Sammelstelle gebracht werden, um im Prüflabor untersucht zu werden.

Der Züchter und der Zuchtverband erhalten das monatliche Resultat: die Ergebnisse über **Milchinhaltsstoffe**, **Fettgehalt**, **Eiweißgehalt**, **Zellzahl**, **pH-Wert** und **Milchzucker** für jedes einzelne Tier. Der Prüfer

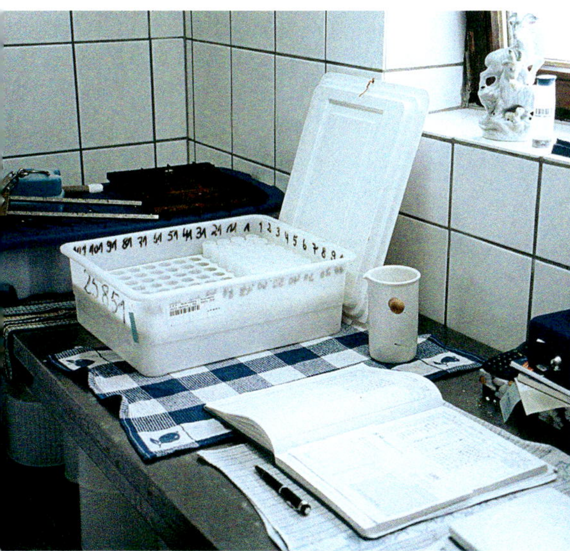

Der Milchleistungskontrollkasten mit Stallbuch und Doppelbalkenwaage.

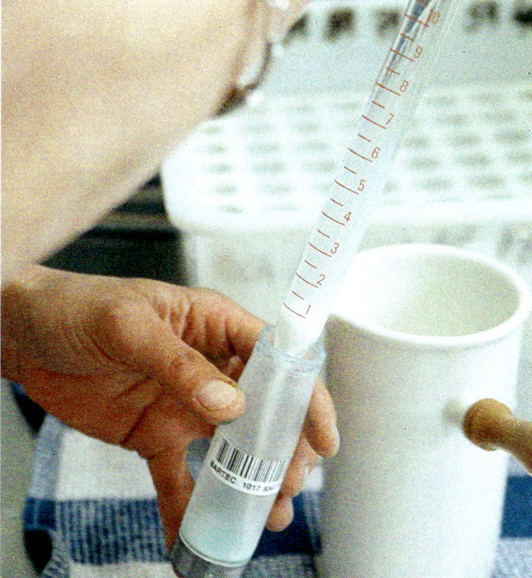

Die Kontrollpipette mit Einzelgemelkprobe.

des Landskontrollverbandes kommt zwischendurch unangemeldet zur Überwachung der korrekten Probeentnahmen auf Ihren Hof.

Das hört sich grauenhaft kompliziert an, ist es aber nicht mehr, wenn man den Vorgang ein paar Mal durchlaufen hat. Natürlich ist es zusätzlicher Zeitaufwand, jedes Tier separat zu melken und seine Milch zu wiegen. Dennoch erhält man wichtige Informationen und gegebenenfalls erste Warnhinweise auf eine mögliche Erkrankung eines Tieres, wenn beispielsweise die Milchmenge stark abweicht und Milchinhaltsstoffe oder Zellwerte auffällig schwanken. Es kann auch passieren, dass eine Ziege mit erfreulich hoher Milchleistung äußerst mager in den Fett- oder Eiweißwerten liegt, worauf man ohne nähere Untersuchung nie gekommen wäre.

Die Auswahl der Kontrollteilnehmerinnen

Wenn Ihre Herde noch klein und übersichtlich ist, haben Sie kein Problem, alle laktierenden Muttertiere zu testen. Wenn es allerdings sechzig oder mehr Tiere sind, wird der Zeitaufwand zum Problem. Jede einzelne Ziege ihr Leben lang zu kontrollieren wäre ohnehin übertrieben.

Anfangs haben wir schon die Erstlingsziegen kontrollieren lassen, die bereits mit dreizehn oder vierzehn Monaten gelammt hatten. Deren Milchleistung ist in der **ersten Laktation** naturgemäß nicht so überwältigend, was nachher in der Summe ihre Gesamtleistung niederdrückt.

Info

Es empfehlen sich für eine ordentliche Bewertung drei bis vier Ganzjahreskontrollen pro Tier. Das bedeutet, Sie können die ausreichend kontrollierten Ziegen, die ein vernünftiges Leistungsergebnis erzielt haben, durch Nachrücker ersetzen, die bisher noch nicht überprüft wurden.

Unser Bock Joker stand immer gerne Modell!

Das verfälscht letztlich die Ergebnisse. Deshalb lassen wir von den Jungziegen nur noch wirkliche Ausnahmetiere kontrollieren, die eine ungewöhnlich gute Leistung versprechen. Die anderen kommen erst im zweiten Milchjahr an die Reihe.

Die Kosten für die Milchleistungskontrolle halten sich übrigens sehr im vertretbaren Rahmen, zumal sie in den meisten Ländern durch **Fördermittel** bezuschusst werden. Es ist eher der Aufwand an Buchführung und Zeit, der viele von dieser Prüfung abschreckt.

Tipp

Wir lassen immer direkt bei uns bewerten, da wir unseren Tierbestand nicht durch Außenkontakte mit anderen Ziegen gesundheitlich gefährden wollen.

Bonitur und Körung

Das zweite Standbein der **Zuchtarbeit** ist die jährliche **Bonitur**. Sie kann entweder als Sammelveranstaltung für alle oder mehrere Züchter oder auf dem eigenen Hof separat durchgeführt werden.

Bei der Bonitur, die meistens im Spätsommer stattfindet, damit die diesjährigen Lämmer auch schon groß genug für eine erste Beurteilung sind, kommen der Zuchtleiter, der Herdbuchführer und gegebenenfalls weitere Sachverständige des **Zuchtverbandes** zur Herdendurchsicht.

Auch die Bonitur und **Körung** der Böcke variiert von Landesverband zu Landesverband. Bei manchen kann ein Tier auf Betreiben des Züchters nachbewertet werden, wenn es sich wider Erwarten wesentlich besser entwickelt hat als seine frühen Beurteilungsnoten versprochen hatten. In unserem Verband ist dies nicht so, wir sind also darauf angewiesen, dass unsere Tiere sich von vornherein als die Prachtexemplare darstellen, die sie einmal werden wollen.

Zuchtleiter und Herdbuchführerin begutachten zusammen mit den Züchtern die junge Buena.

Unsere Ziegen auf dem Catwalk

Bei Bonitur und Körung werden die äußerlichen Kriterien des Tieres bewertet. Wichtig ist immer der Gesamteindruck: gesund muss es wirken, klaren Blickes in die Welt schauen, munter und sauber, leichtfüßig und keck. Daher striegeln und putzen die Ziegenzüchter ihre Schützlinge vor dem Termin, schneiden die Klauen frisch, ölen die Hörner – mit einem Wort: Wellness plus Rundumkosmetik.

Einen gestreckten Rücken muss die Ziege haben, das ganze Tier möglichst langrahming und hoch sein. Die Beine sollen gerade und die Fesseln nicht durchtrittig sein.

Info

Eine Mutterziege wird hierzulande im laufenden Jahr der ersten Lammung beurteilt.

Im Einzelnen zählt natürlich bei Milchziegen allem voran das **Euter**, seine Aufhängung, die klare Teilung der beiden Euterhälften, die Melkbarkeit der Striche (nicht zu kurz und dünn, nicht zu dick und lang).

Die **Zähne** werden nach Über- und Unterbiss begutachtet. Für all diese Merkmale bekommt die Ziege Noten von Eins bis Neun, wobei eine Neun-Neun-Neuner-Ziege das Höchste der Gefühle darstellt. Das mutet alles ein wenig an wie beim Eiskunstlaufen.

Euterbewertung und Melkbarkeitsprobe.

Wenn die Mädels nicht mitspielen

So perfekt man immer diese Vorführung vorbereitet, so sehr können einem die gehörnten Damen einen Strich durch die Rechnung machen. Gerade bei den Erstlingsziegen, die ja beurteilt werden sollen, gibt es immer die eine oder andere, die sich ziert und es ganz und gar nicht leiden kann, dass ihr dieser fremde Unbekannte ans Euter fassen will: Sie ist ja noch kein Melkprofi wie ihre Mutter oder ihre Oma. Sie springt und bockt, sie kippt dem **Zuchtleiter** die Melkschale über die Schürze und macht sich als Anfängerin völlig unmöglich, obwohl wir gerade in sie die größten Hoffnungen gesetzt hatten.

Dito die Mädchenlämmer, die ja ihre Lammnote bekommen sollen. Das hübscheste und stolzeste von ihnen steht auf einmal bucklig da, bewegt sich keinesfalls auch nur annähernd so behände wie auf den Kletterfelsen, lässt sich zerren und ziehen und macht einen rundherum tumben Eindruck. Kaum ist die Kommission vom Hof, ist das Wesen wieder elfengleich, schwebt und springt, tänzelt und spreizt sich leicht, locker, fröhlich ... Aber einen guten Zuchtleiter kann dies Getue nicht verwirren.

Die Jungs im Ring: Bockskörung

Die **Zuchtböcke** werden bei uns im jeweils ersten und im zweiten Jahr ihrer aktiven Tätigkeit gekört, da sind sie auch noch zu handhaben und einigermaßen willig, sich überall abtasten zu lassen. Unser ältester Zuchtbock Joker hätte so etwas mit sich sicher nur noch machen lassen, wenn seine fast einhundert Kilogramm Lebendkraft von mehreren starken Männern mit dicken Seilen und Ketten gebändigt würde. Noch dazu im Spätsommer, der Hauptzeit der **Brunst**, wo die Jungs sowieso rund um die Uhr in Rage sind und sehr leicht rotsehen, da das Testosteron bis zur Hornspitze steht.

Gute Form: geschlossener Widerrist, langrahmiger Rücken mit breiter Lende; gerade Beine mit kurzer Fessel; straffes Euter.

Schlechte Form: lose Schultern, Hängerücken mit abfallendem Becken; durchtrittige Beine; Hängeeuter mit zu langen Strichen.

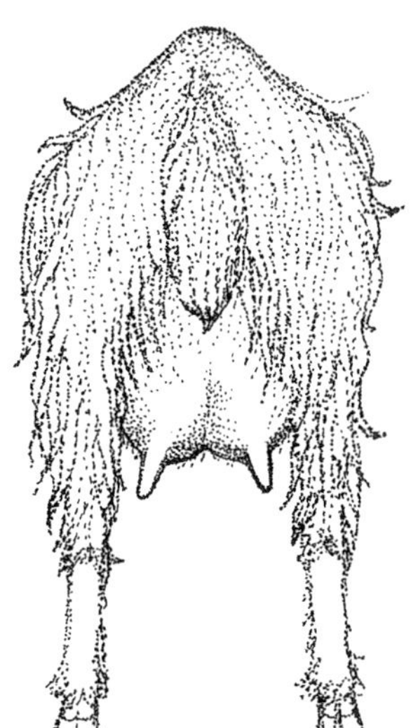

Gute Euterform: feste Aufhängung; gut getrennte Hälften; straffes Euterband; ideale Zitzen (gute Melkbarkeit).

Schlechte Euterform: lose Aufhängung; Hälften und Zitzen ohne Absatz; Gefahr der Milchbrüchigkeit (schlechte Melkbarkeit).

Und wieder die heimatliche Schreibstube

Milchleistungskontrolle und **Bonitur** plus **Körung** sind die beiden Aspekte der **Zuchtarbeit**, bei denen der Verband direkt mitwirkt. Der Züchter selbst hat natürlich – außer der praktischen Zucht – noch viel mehr Bürokratisches zu tun. Er muss die Zuchtbücher führen, die Ablammlisten aufstellen, die zugeteilten **Herdbuchnummern** für die neuen Lämmer vergeben, die Tiere beim Verband und beim **Amtsveterinär** an- und abmelden, jährliche Blutuntersuchungen des Gesamtbestandes veranlassen und die Tiere kennzeichnen.

Kennzeichnung ist wechselhaft

Für die **Kennzeichnungspflicht** der Nutztiere gibt es EU-Verordnungen und auch Landesvorschriften, die sich allesamt überraschend häufig ändern. Darüber wird der Züchter jedes Mal amtlicherseits informiert und muss seine Kennzeichnungen entsprechend vornehmen. Unsere Hoftierärztin rollt mit den Augen, wenn sie von den vielen, vielen Änderungen während ihrer Arbeitsjahre berichtet ...

Erst die Hofkennung in Grün ins linke Ohr, die Herdbuchnummer auf Messingöse ins rechte, übernächstes Jahr weg mit der grünen Marke, dafür eine weiße, die aber ins andere Ohr, und statt der Messingnummer nun eine aus rotem Kunststoff, hin und her, bis die Ohren der armen Tiere aussehen wie Schweizer Käse.

Ohrmarken und Mikrochips

Wir starteten in der Messingmarken-Periode, was bei unseren frei laufenden Ziegen mit Gebüschkoppeln zu so fürchterlichen Verletzungen durch Hängenbleiben der Ösen und Aufreißen der Ohren führte, dass einige Tiere trotz mehrwöchiger Behandlung mit Antibiotika bereits eine ernste Sepsis im Kopfbereich bekamen. Da sind wir auf die Barrikaden gegangen, haben zunächst gesetzeswidrig mit unserer Hoftierärztin diese vermaledeiten, fingerbreiten Messingösen entplombt, aus den eiternden Ohrwunden gezerrt und danach sowohl beim Zuchtverband als auch beim zuständigen Amtsveterinär die Ausnahmegenehmigung erwirkt, unsere Tiere ersatzweise zu chippen.

Die Chipkennung lässt sich leicht mit dem Lesegerät ermitteln.

Die **Kennzeichnungspflicht** soll eine lebenslängliche, eindeutige und unverfälschbare Zuordnung und Identifizierung eines jeden Nutztieres erzielen. Das ist natürlich im Seuchenfall unbedingt wichtig und auch sonst begreiflich und unverzichtbar. Was aber könnte dieses Ziel besser erreichen als ein LIC

(Life Identity Code), der auf einem winzigen **Mikrochip** unter der Halshaut implantiert ist? Das Tier hat keinerlei Beeinträchtigung davon und der Chip ist fälschungssicherer als eine Ohrmarke – noch dazu lässt sich ein Ohr im Zweifelsfall abschneiden aber der Hals doch eher nicht.

Leider konnten wir in der Zwischenzeit nicht bei der Chip-Methode bleiben, da unser Amtstierarzt unseretwegen reichlich Ärger bekommen hat. Wir setzen nun wieder **Ohrmarken** – allerdings vorsichtshalber und vorschriftswidrig wenigstens nur in ein Ohr (die zweite Marke liegt für alle Fälle in der Schreibtischschublade).

In Zukunft Mehrfachkennzeichnungen?

Ab demnächst soll nun eine EU-weite Doppelkennzeichnung eingeführt werden. Dann heißt es Chip plus **Ohrmarke** oder Ohrmarke plus **Tätowierung** oder **Mikrochip** plus Tätowierung. Ab einem größeren Tierbestand, sagen wir hundert Ziegen oder fünfhundert Schafe, können Sie sich ausmalen, welchen Aufwand die Züchter und Zuchtverbände dann treiben dürfen, um alle Herdbuchnummern-Chipcode-Analoglisten noch mit einer weiteren zusätzlichen Kennung pro Tier zu versehen. Es setzt einen immer wieder in Erstaunen, welche Absurditäten die politischen Theoretiker an Richtlinien und Verordnungen in eine Qual für die Praktiker verwandeln.

Die ausführenden Ziegenzüchter

Aber natürlich besteht das Zuchtgeschehen nicht ausschließlich aus dem Kampf gegen Windmühlen oder mit dem Papierkrieg auf unserem Schreibtisch. Die Wahrheit findet auf der Koppel statt, nämlich beim Deckgeschehen. Da die Sache mit der künstlichen Besamung bei Ziegen mangels Teilnehmerquote nicht wirklich ausgereift erprobt und erforscht ist und die Erfolge sehr zu Wünschen übrig lassen, braucht man einen **Zuchtbock**. Und zwar einen möglichst guten, denn man sagt zu Recht: „der Bock ist die halbe Herde".

Idealerweise haben Sie eine Herde aus Zuchtziegen und kaufen einen bereits als hervorragend gekörten **Zuchtbock** mit besten **Erbanlagen** dazu – und damit gut. Dann ist der Bock aber schon mindestens zwei Jahre alt und Sie haben wahrscheinlich ein Problem, ihn jemals an sich und Ihren Hof zu gewöhnen.

Auch unsere drei Zuchtböcke, die wir als Bocklämmer mit sehr guten Anlagen erworben haben, sind während der **Brunstzeit** mit aller Vorsicht zu genießen. Jedoch wird ein Bock, der schon als Lamm an Sie gewöhnt war, keine lebensbedrohlichen Angriffe auf Sie starten. Im Gegensatz zu unseren frühen Versuchen, die Bocklämmer möglichst zahm zu kriegen, lassen wir sie jetzt eher scheu verwildern – mit dem entsprechenden Respekt uns Menschen gegenüber.

Gut zu wissen

Da die ausgewachsenen Böcke reichlich Masse und Kraft an den Tag legen, kann das im ständigen Umgang unter Umständen sehr beschwerlich bis gefährlich sein.

Gut zu wissen

Auf jeden Fall sollte man die Böcke nach vier bis fünf Deckzeiten durch neue austauschen, um frisches Blut in die Herde zu bringen.

Ein wirklich zahmer Bock – wie es unser Joker war – entwickelt möglicherweise in späteren Jahren eine gewisse selbstsichere Dreistigkeit: Er lässt sich von seinem menschlichen Vorgesetzten nichts mehr sagen und macht was er will und wann er es will. Das ist im täglichen Umgang sehr belastend, vor allem, wenn man die melkenden Ziegen auch während der **Deckzeit** gerne pünktlich im **Melkhaus** hätte, der Bock sie aber nicht ohne Weiteres von der Koppel lassen möchte.

Leichter wird dieses Handling, wenn der Bock eine gewisse Scheu vor Menschen hat. Nicht Angst, denn man wird dem Tier ja auf keinen Fall das Fürchten beibringen wollen, aber doch eine deutliche Zurückhaltung, ähnlich wie bei einem Wildtier. Dann macht er Ihnen Platz auf seiner Koppel und geht aus dem Weg, auch wenn die Damen im Spiel sind und seine Hormone überbrodeln.

Sie können jedem **Zuchtpapier** entnehmen, wer die Elterntiere und die jeweiligen Großeltern des Lammes sind. Diese Daten müssen Sie mit Ihren eigenen Zuchtpapieren vergleichen um festzustellen, ob Ihre Ziegen mit dem fraglichen Bocklamm verwandt sind oder nicht. Niemand will sich durch die Hintertür **Inzucht** einkaufen.

Kongo, der neue schwarze Toggenburger aus Westfalen.

Zwei Herden – zwei Böcke

Im Prinzip müssten Sie auf diese Weise in jedem Jahr neu verfahren. Aber Zuchtböcke sind teuer und wohin mit den einmal gebrauchten? Gäbe es genügend Zuchten, könnte sich eine Art Tauschring etablieren, in welchem gute Böcke reihum jährlich ausgewechselt werden.

Dem ist leider nicht so und deshalb empfiehlt sich die Variante, mit mindestens einem zweiten Zuchtbock zu arbeiten. Das bedeutet, Sie stellen den Töchtern des Bockes Joker den neuen Bock Kaspar dazu und dessen Töchter wiederum gehen zurück zu Bock Joker, quasi ihrem Opa. Somit haben Sie zwei getrennte Ziegenherden (mindestens während der Deckzeit) mit jeweils einem Zuchtbock.

Nachdem die gehörnten Damen gedeckt sind, stellen Sie sie gegebenenfalls wieder zusammen und geben den Herren ein Junggesellenquartier bis zum nächsten Sommer. Das ist praktikabel und züchterisch vertretbar, wenn auch nicht ideal.

CAE-Freiheit als Zuchtziel

Ein wesentliches Kriterium beim Ankauf von Ziegen und Lämmern ist die **CAE-Unverdächtigkeit** des Aufzuchtbetriebes. **CAE** ist die Bezeichnung einer schleichenden und schrecklichen Viruserkrankung bei Ziegen (Caprine Arthritis-Encephalitis). Das hauptsächliche Problem besteht in der teilweise jahrelangen Inkubationszeit, was zu einer kompletten Durchseuchung des gesamten Bestandes und damit zu einem Totalverlust aller Tiere führen kann.

Die Krankheit lässt sich am **Blutbild** lebender Tiere mittels eines Tests (ELISA, enzyme linked immunosorbent assay) anhand mangelnder Antikörper ausschließen. Daher werden alle ordentlichen Zuchtbestände jedes Jahr vom Tierarzt geblutet und die entsprechenden Analysen in Staatslabors durchgeführt.

Der zuständige Amtstierarzt oder der **Zuchtverband** können dann eine CAE-Unverdächtigkeit des Betriebes und seines Ziegenbestandes für das aktuelle Jahr aussprechen. Sie sollten daher beim Ankauf Ihrer Tiere unbedingt darauf achten, dass der Herkunftsbetrieb diesen Nachweis führen kann und möglichst nicht erst seit dem vergangenen Jahr.

Deshalb meiden wir mit unseren Tieren auch alle Außer-Haus-Termine wie Tierschauen und Wettbewerbe oder Zuchtauktionen: Das Risiko ist uns zu groß. Und selbst abgesehen von der Wahrscheinlichkeit oder Unwahrscheinlichkeit einer CAE-Ansteckung kann man sich auch andere unliebsame Mitbringsel und unerwünschte Lebensformen von dort in den eigenen Bestand einschleppen – wenn es schon keine Seuchen sind, können einem auch Endo- oder **Ektoparasiten** das Leben schwer machen.

Das CAE-Risiko ist außerdem das wesentliche Argument gegen eine Mischmasch-Ziegenhaltung. Nur in einem ständig untersuchten, geschlossenen Bestand, der aus eigenen Nachzuchten selektiert, verringert sich die Wahrscheinlichkeit einer CAE-Verseuchung logischerweise von Jahr zu Jahr immer mehr. In einer dauernd fluktuierenden Haltung von Tieren aus nichtkontrollierten Beständen ist ein Seuchenausbruch letztlich völlig unkalkulierbar. Und dann ist auf einen Schlag der gesamte Bestand verloren.

Die passende Rasse und Klasse

Ziegenzucht heißt auch, sich für eine bestimmte Rasse zu entscheiden. Natürlich kann man auch mehrere Rassen parallel züchten, der vervielfachte bürokratische Aufwand steht dem aber meistens entgegen. Es gibt sehr viele und auch äußerst exotische **Milchziegenrassen**, lediglich die hierzulande gängigen stellen wir Ihnen kurz vor. Über den Rest der großen Auswahl können Sie sich in den entsprechenden Rassekatalogen informieren.

Info

Da die Ziegenzucht in Deutschland nicht mehr sehr verbreitet ist, suchen Sie Ihr Bocklamm am besten über die Landeszuchtverbände. Diese vermitteln Ihnen zuverlässige Züchter Ihrer Ziegenrasse und mit denen gilt es im Vorfeld, Abstammungspapiere auszutauschen.

Kaspar weiß genau, dass er schön ist ...

Tipp

Bevor Sie sich entscheiden, sollten Sie sich bei Ihrem zuständigen Ziegenzuchtverband danach erkundigen, welche Rassen zu Ihrer Gegend am besten passen: Dann werden Sie auch Kontakte zu Züchtern dieser Tiere in Ihrem näheren Umfeld finden, was immer hilfreich sein kann, wenn Sie später Erfahrungen mit jemand aus demselben Metier austauschen möchten.

Die Deutsche Edelziege

Von den Champions unter den Milchziegen sind vor allem die Weiße und die Bunte Deutsche Edelziege bekannt. Beides sind Hybridrassen, die ausschließlich auf **Milchleistung** hochgezüchtet wurden. Das birgt letztlich die oben beschriebenen Einseitigkeiten in sich, die nicht immer für ein langes und gesundes Leben tauglich sind. Diese Tiere erfüllen jedoch die wirtschaftlichen Erwartungen, die an sie gestellt werden, voll und ganz – Industriebrauchbarkeit inklusive.

Beide Rassen sind sehr kurzhaarig und daher nicht überall witterungstauglich. Bei artgerechter Haltung muss in starkem Maße auf Wetter, Wind und Sonne Rücksicht genommen werden, sonst empfiehlt sich eher eine Innenhaltung, die Euter-Sonnenbrand und Stechinsekten ausschließt.

Die Toggenburger und die Thüringer Waldziege

Zwei sehr robuste **Landrassen** sind die Thüringer Waldziege und ihre Ursprungsform, die Toggenburger Ziege. Letztere gibt es in einer langfelligen ursprünglichen Ausgabe, die Wind und Wetter trotzt, keine Probleme mit sommerlichen **Stechplagegeistern** wie Zecken, Dasseln, Bremsen und Mücken hat und durch den langen Fellbesatz an den Hinterläufen auch keinen **Sonnenbrand** am **Euter** bekommt. Die Ziegen sind äußerst widerstandsfähig und gesund, jedoch liegt ihre Milchleistung deutlich unter der der Deutschen Edelziegen.

Eine gängige Hybridform ist die British Toggenburg, genetisch hornlos und glattfellig gezüchtet, die wiederum für ihre höhere Milchleistung den Preis der robusten Gesundheit zahlt und eine starke Tendenz zur Zwitterbildung zeigt.

Wir haben uns dank eines glücklichen Zufalls und einer guten Ratgeberin für die alte Linie der Toggenburger Ziege entschieden und diesen Entschluss nie bereut. Sie sehen auf den Fotos hier auch immer nur Tiere dieser Rasse, was aber nicht heißen soll, dass wir sie unbedingt als Nonplusultra empfehlen. Sie verträgt das hiesige raue und extrem wechselhafte Klima einfach sehr gut.

Deshalb ist sie auch die am meisten verbreitete Milchziegenrasse in Ländern wie Kanada oder Irland. Für südliche Regionen gibt es ein wesentlich breiteres Spektrum an Milchziegen, da dort die Ziegenhaltung und -zucht in weitaus größerem Umfang betrieben wird.

Die Sache mit den Hörnern

Wenn Sie einmal beobachten, wie punktgenau die Ziege ihre Hörner einsetzt, um sich an sehr unzugänglichen Körperstellen wohlig zu kratzen, um akrobatisch Zweige herunterzuangeln, an die sie anders nicht herankommt, um ihre Schaukämpfe innerhalb der Herdenhierarchie laut krachend vorzuführen – dann wünschen Sie sich nach einiger Zeit auch zwei so elegant und schön geschwungene Exemplare am oberen Stirnrand ...

Der Wunsch nach **Hornlosigkeit** wurde einst mit ästhetischen und sicherheitsbedingten Argumenten begründet. Ein Zuchtziel war es vor langer Zeit, erblich hornlose Ziegen zu selektieren. Also begann man mit massiver **Inzucht**, indem die sehr selten aber doch einmal auftretenden ungehörnten – eigentlich mit einem Mangel behafteten – Ziegen miteinander verpaart wurden, um einen Genpool erblich hornloser Ziegen zu erstellen. Das hat bis heute zur Folge, dass es in den Schlägen genetisch hornloser Tiere erschreckend häufig zu **Zwitterbildung** bei den Lämmern kommt. Was sonst noch mit der Gesundheit dieser Tiere schiefgeht, sieht man nicht immer äußerlich.

Die bedauernswerten Ziegen in der industriellen Massentierhaltung sind natürlich vor-

Bloß gut, dass es eigene Rückenkratzer gibt!

zugsweise hornlos – hier geht es ja darum, unverhältnismäßig und völlig widernatürlich viel zu viele Tiere in eine Gruppe zu quetschen, was zwangsläufig zu dauernden Auseinandersetzungen führen muss. Um die gegenseitige Verletzungsgefahr auf häufig engstem Raum zu vermeiden, werden hier nicht nur präventiv Beruhigungsmittel verabreicht sondern eben auch Hörner entfernt.

Hornlosigkeit durch Amputation

Eine modernere Form der Verstümmelung ist die **Enthornung** der von Natur aus gehörnten Tiere. Es wundert uns, dass das umfangreiche Tierschutzgesetz das Enthornen weiterhin ganz selbstverständlich erlaubt. Es handelt sich in jedem Fall um eine **Amputation,** denn das **Horn** ist (anders als ein Geweih) eine Verlängerung des Stirnbeins, umgeben von Blutgefäßen, Gewebe und Nerven, am unteren Knochenende reicht die Stirnhöhle bis ins Horn hinein.

Das Horn lebt, sein Material wird den Hautgeweben zugerechnet, es fasst sich daher warm an und entwickelt sich ein Leben lang weiter. Natürlich wird bei der Enthornung lokal anästhesiert und die Methoden sind sauber und fachgerecht – dem Tier wird jedoch sein natürliches und nützliches Instrument genommen, das es hoch erhobenen Hauptes mit sich herumträgt. Schlimmstenfalls bleibt bei der Enthornung ein Stück Stirnhöhle an der Schädeldecke eröffnet, was zu schweren Folgeerkrankungen und Schädigungen des Tieres führen kann.

Die Alternative: Hornkorrektur als Sicherheitsvorsorge

Das heute hauptsächlich gebrauchte Argument für die Enthornung ist die Sicherheit: Ziegen würden sich mit ihren Hörnern gegenseitig schwer verletzen und womöglich den Menschen auch. Es ist richtig, dass es immer wieder Einzelexemplare mit gefährlich scharfen Hornspitzen gibt. Oft ist dies Phänomen hausgemacht, denn ähnlich wie Fingernägel kauende Menschen gibt es Hörner abschabende Ziegen: In jeder Herde hatten und haben wir immer ein oder zwei Damen, die aus unbekannten Gründen Vergnügen daran finden, im Stall vor dem Einschlafen mit stoischer Inbrunst ihre Hornspitzen an der Ziegelwand hin und her zu schrappen, langsam und ausdauernd.

Das führt auf Dauer nicht nur zu einer gewissen Verkürzung der Hörner, sondern auch zu rasiermesserscharfen Oberkanten. Da aber das obere Hornende je nach Alter der Ziege etwa fünf bis zehn Zentimeter lang massiv ist, kann man es problemlos rund und stumpf feilen oder schleifen. Das ist für das Tier genauso schmerzlos wie das Klauenschneiden und entschärft die ernsthafte Waffe. Mit einem stumpfen Horn kann weder ein pralles Euter geschlitzt noch ein Loch in den gegenerischen Wanst gestochen werden.

Da die **Rangordnungskämpfe** überwiegend Schauveranstaltungen sind, ist hierbei sowieso kaum Gefahr zu befürchten. Ernst wird die

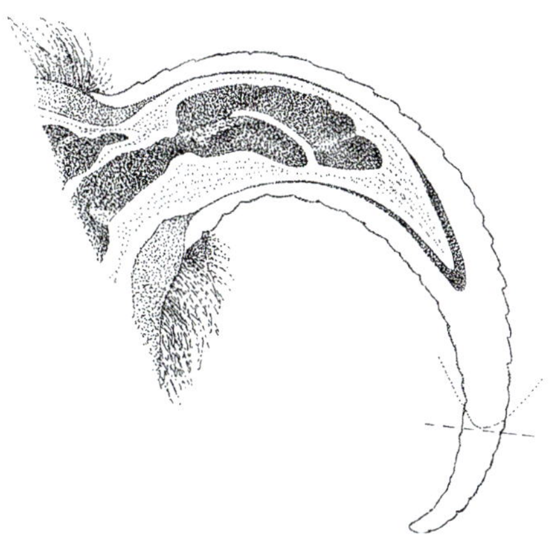

Die obere massive Hornspitze kann bei Bedarf gekappt und rundgefeilt werden.

Kaspar und Joker bei Schauwrestling.

Lage höchstens beim Streit um Leckerbissen oder zur Verteidigung des eigenen Lammes. Und bei all diesen Anlässen geht das Hauen und Stechen automatisch auch zwischen enthornten Ziegen los, allerdings mit schlimmeren Folgen als bei den gehörnten. Weil sie nicht mehr mit ihren Hörner-Abstandhaltern aufeinanderknallen können, tun sie dies mit den ungeschützten Schädelplatten. Schreckliche Platzwunden am Kopf können die Folge sein.

Pädagogische Maßnahmen gegen Horneinsätze

Die Hörner werden in erster Linie mit der Längsseite zum Wegdrängen und Kräftemessen eingesetzt, in den selteneren Fällen zum Stechen, da die Ziege hierzu ihren Kopf nach unten-hinterwärts verdrehen und sich selbst in eine angreifbare Position begeben muss. Auch wir sind von unseren Ziegen höchstens angestumpt worden, nach uns gestochen hat noch keine.

Das Drängen mit den Hörnern probieren vor allem Lämmer und Jungziegen, hören jedoch für immer damit auf, wenn der Mensch bei einer solchen Gelegenheit seine absolute **Dominanz** ein für allemal mit Wasser demonstriert. Wasser ist das eigentliche Zaubermittel gegen den Hörnereinsatz, denn Ziegen verabscheuen nichts so sehr wie einen kräftigen Guss aus dem Eimer oder eine volle Ladung aus dem Wasserschlauch.

Wie bei der Hundeerziehung muss diese Replik jedoch sofort und nie zeitverzögert erfolgen, um im richtigen Zusammenhang von der Ziege begriffen und abgespeichert werden zu können. Man sollte beim Bedrängtwerden auf keinen Fall jemals Zurückdrängen oder Schlagen, denn das ist Ziegenkörpersprache: Der Tanz wäre somit eröffnet und die Ziegen würden immer weitermachen, um herauszufinden, wer der stärkere Dränger ist.

Denn sie nützen nicht nur ihren Trägern

Sie werden es im täglichen Umgang mit den Tieren merken, wie praktisch solche Griffe auch für den Menschen sind: Das Horn ist die Stelle des Tieres, wo Sie ihm nicht wehtun können, auch wenn Sie kräftig zupacken, um es zu lenken, zu stoppen oder einfach nur festzuhalten. Die Ziege trägt auf jeden Fall eines ihrer elegantesten Argumente auf dem Kopf.

Artgerechte Ziegenhaltung

„Die Ziege springt über den Tisch, das Zicklein übers Haus."
(Rumänisches Sprichwort)

Für die Nutztierhaltung gibt es deutsche Gesetze und Verordnungen, die sowohl die artgerechte als auch die verhaltensgerechte – also Gesundheit und Befinden der Tiere betreffende – Behandlung bestimmen. Diese gelten als sehr eng gefasst, werden sie doch regelmäßig durch innergemeinschaftliche Regelungen der EU zugunsten wirtschaftlicher Interessen aufgeweicht. Da ist neuerlich der Spagat zwischen Wirtschaftlichkeit und ethisch verantwortbarem Umgang mit den Tieren.

Die offiziellen Anforderungen an die Haltung von Ziegen sind daher relativ einfach zu erfüllen: Sie stellen den kleinsten gemeinsamen Konsens dar, auf den man sich einigen konnte. Leider saßen die Ziegen nicht mit am Verhandlungstisch. Wir stellen Ihnen die Maßgaben hier zusammenfassend vor, jedoch mit der Einschränkung, dass unserer praktischen Erfahrung nach fast jeder Punkt erweitert werden müsste, um den Tieren eine wirklich artgerechte Haltung zu gewähren. Unsere Kommentare dazu finden Sie kursiv gesetzt.

Es wird zudem eine reine Stallhaltung mit Auslaufmöglichkeit beschrieben, ein Freigang der Tiere mit täglichem Koppelauftrieb ausgeklammert. Unsere laktierenden Ziegen bleiben lediglich über Nacht im Stall, um das Melken am Abend und Morgen vom Zeitaufwand her für uns zu rationalisieren. Tagsüber sind alle Tiere im Freien. Dennoch sollte der Stallbereich mindestens die folgenden Auflagen erfüllen.

Die offiziellen Bestimmungen *... und unsere Erfahrungen*

- Der **Stallraum** muss einen befestigten Boden haben sowie mit einer Ablamm- oder **Absonderungsbucht** ausgestattet sein.
  Diese eine geforderte Box wird sicher nicht ausreichen, wenn wir es mit mehr als zwanzig Tieren zu tun haben. Dann müssen andere separate

Quartiere zur Verfügung stehen, sei es als Nebengebäude oder in Form von Bauwagen.

- Jedes Tier braucht einen **Fressplatz** und alle Tiere müssen gleichzeitig fressen können.
  Das werden Ziegen sowieso nicht tun, weil die Herdenhierarchie ein gruppenweises Nacheinanderfressen vorsieht – außer sie werden mechanisch fixiert, was hier wohl impliziert wurde.
- Die nutzbare **Stallfläche** muss je Ziege anderthalb Quadratmeter und je Zicklein fünfunddreißig Quadratzentimeter betragen.
  Dann können sich ausgewachsene Ziegen aber kaum noch bewegen, weil ihr Körper bei normalem Dastehen schon fast einen Quadratmeter einnimmt. Bei einem Freilaufstall ohne Anbindehaltung benötigen Sie pro Tier mindestens die doppelte Fläche, schöner wäre mehr als das.
- Zusätzlich sind je Ziege ein halber Quadratmeter erhöhter **Liegefläche** mit trockener Einstreu auf unterschiedlichem Niveau in mindestens drei Stufen vorzuhalten.
  Die Definition ist sehr richtig, wenn auch hier wieder eher von Zwergziegen ausgegangen wurde: also mehr Fläche, größere Schlafregale.
- Im Weiteren werden **Klettersteine** im Auslauf gefordert, **Zickleinnester**, in denen alle Lämmer gleichzeitig liegen können, sowie ausreichend Bürsten und Reibungsflächen zur **Fellpflege**.
  Das ist alles richtig und gut, aber bei Weitem nicht genug!

Die abgesetzten Lämmer auf ihrer Koppel mit Wohlfühlbereich.

Unsere Mindestanforderungen an den Stallbereich

Im **Freilaufstall** sollten offene Unterteilungen, praktisch Sicht- und Raumteiler, vorgesehen werden, damit eine Gruppe dominanter Tiere nicht die anderen dermaßen tyrannisieren kann, dass diese nicht zur Ruhe kommen. Sie werden auch nicht umhin kommen, **Heuraufen** an unterschiedlichen Stellen des Stalles zu installieren, um eben allen Ziegen eine friedliche Fressmöglichkeit zu gewährleisten.

Es empfehlen sich auf jeden Fall **Selbsttränkebecken**, sogenannte Schwimmertränken, deren Mechanismus wie der einer Toilettenspülung funktioniert. Diese müssen allerdings recht hoch angebracht werden, gegebenenfalls mit einem Trittbrett, auf welchem sich die Ziegen bei dünner Sommereinstreu mit den Vorderläufen hochstützen können.

Die **Heuraufen** kann man im Eigenbau aus Holz als Palisadenfressgitter herstellen, wobei durch die Nagefreudigkeit der Ziegen die Holzkonstruktion nicht wirklich dauerhaft langlebig sein wird. Wir lassen unsere Heuraufen von einem Metallbaubetrieb herstellen, der sie auf das passende Maß und vor allem mit dem für Ziegen erforderlichen Gitterabstand von 6 cm anfertigt.

Solche Metallgitterraufen vom Handwerksbetrieb sind auch nicht teurer als fertig gekaufte Industrieware, haben aber eben nicht den viel zu breiten Gitterabstand der Pferde- oder Schafraufen. Die Ziegen zerren hier das Heu in rauen Mengen heraus und was davon auf den Stallboden fällt, wird nicht mehr gefressen. Ein schmales Gitter spart erheblich bei den Futterkosten.

Auch sollten die Heuraufen recht hoch angebracht werden, sodass die Tiere im Sommer mal gerade eben ans Futter kommen, im Winter

Gut zu wissen

Die zuführenden Wasserleitungen verlegt man am besten entlang der Stalldecke, denn so werden sie am ehesten frostfrei bleiben. Wenn das doch nicht ausreicht, führt man entlang der Wasserleitungen Wärmekabel, die sich über einen Temperaturfühler selbsttätig einschalten, wenn es an die Null Grad geht: ohne Aufwand zu montieren, kostengünstig und verbrauchsarm kann diese Installation Reparaturen geplatzter Wasserleitungen vorbeugen.

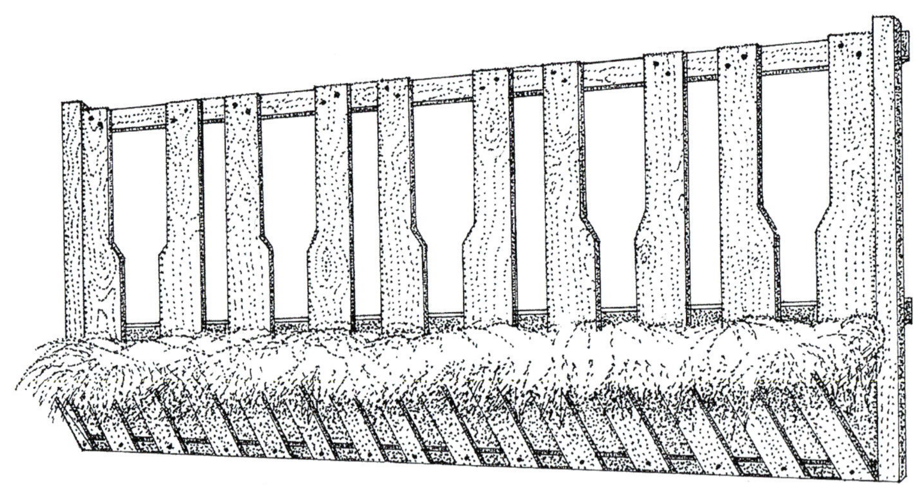

Palisadenfressgitter mit Heuraufe.

Sind die Mütter auf der Koppel, tanzen die Lämmer im Stall.

dann aber nur bequem fressen können und trotzdem nicht in der Lage sind, in die zu niedrig angebrachten Raufen hineinzuspringen, sich darin ein Schlafnest zu trampeln und damit das Futter für alle anderen unbrauchbar zu machen.

Lämmerschlupf oder Zickleinnester

Da die **Lammzeit** normalerweise in den Winter fällt, installieren wir den Lämmerschlupf auch erst bei **Tiefstreu**. Die Lämmer lieben es, alle zusammen irgendwo unterzukriechen, wo es von unten schön warm und von oben geschützt ist.

Dieser Bereich kann mit wenig Aufwand unter einem der Liegeregale eingerichtet werden, wobei es sich in sehr kalten Wintern unbedingt empfiehlt, dort auch zusätzliche Wärmelampen aufzuhängen.

Die separate Unterbringung

Um schwierig lammende oder kranke Tiere separat zu stellen, eignen sich am besten geräumige Nebengebäude, die für diesen Zweck und die jeweiligen Witterungsanforderungen vorbereitet und eingerichtet sind. Eine oder mehrere **separate Boxen** innerhalb des Stallbereichs kommen zwar dem Herdentrieb der Ziegen entgegen, die sich nur sehr ungern von ihren Artgenossen trennen lassen, bergen aber auch das Risiko der Ansteckung bei Krankheit oder der Einengung des Muttertieres beim Lammen. Bewährt haben sich auch frostfreie kleine Bauwagen.

Gut zu wissen

Bei der gesamten Stalleinrichtung müssen Sie in jedem Fall den Höhenunterschied zwischen einem Sommerstall und dem Tiefstreuboden im Winter mit einkalkulieren: Das sind je nach Einstreu gut und gerne ein halber bis ein Meter Differenz, und das macht schon sehr viel aus.

Mineralleckstein – an einer festen Kette aufgehängt, hält er der Beanspruchung durch die Ziegen stand.

Wünschenswerte Accessoires

In den Stall gehören weiterhin **Minerallecksteine** – für Ziegen unbedingt mit Kupfer!, Holzstämme zum Fellschubbern und lange Saalbesenköpfe. Diese müssen aber unbedingt aus Naturfasern sein, weil die Ziegen sie in jedem Falle anknabbern werden. Die Besen schraubt man hochkant an die Stallwände oder auf die Raumteilerecken in einer Höhe, die der Tierleib mühelos erreichen kann, um sich daran zu schubbern.

Gutes Raumklima für die Tiere und die Bausubstanz

Wenn Sie glücklicher Besitzer eines altertümlichen Backsteinstalles sind, haben Sie mit dem Raumklima winters wie sommers keine Probleme. Allerdings müssen Sie sich um eine gute **Belüftung** kümmern, die möglichst direkt unter der Stalldecke angelegt sein soll, damit die entstehende Feuchtigkeit sich nicht stauen und zu Schimmelbildung oder Fäule führen kann.

In den alten Ställen gab es alle zwei bis drei Meter einen herausgenommenen Backstein ganz oben in der Außenwand, der diesen Zweck wunderbar erfüllt hat. Das war damals auch als Einflugschneise für die Schwalben gedacht, die im Sommer den Viehstall von Insekten freihalten sollten – was sie bei uns dankenswerterweise auch tun. Im Winter hat man diese Schwalbenlöcher dann einfach mit einer Faust voll Heu zugestopft.

Tipp

Wenn Sie nur über eine modernere Stallvariante verfügen, sollten Sie mindestens an Stirn- und Rückwand des Stalles eine Dauerventilation für die Sommerzeit installieren.

Natürliches und künstliches Licht im Stall

Zum Stall gehört eine gute und helle **Beleuchtung,** damit Sie immer auf den ersten Blick die Gesamtsituation erfassen können. Kostengünstig und sparsam im Dauerverbrauch sind immer noch die beliebten Neonröhren, die allerdings so hoch angebracht werden müssen, dass die Tiere sie nicht erreichen können, und auch so sicher, dass von Ihnen keine Brandgefahr ausgeht. Die Röhren bekommt man für einen geringen Aufpreis auch als sogenannte Tageslichtlampen, was einem den bläulichen und krankhaften Farbton des üblichen Neonlichtes erspart.

Wir haben allerdings die Erfahrung gemacht, dass auch eine zusätzliche **Notbeleuchtung** ratsam ist, damit sich die im Dunklen sehr schlecht sehenden Ziegen in der Nacht orientieren können – vor allem, wenn die Lämmer noch sehr jung sind und nächtens eine aufgeregte Mutter-Kind-Suche stattfindet.

Für die **Stallfenster** empfiehlt sich entweder Drahtglas oder – wenn es mehrere kleine Scheiben sind – Ornamentglas, damit die Ziegen nicht alle im Fensterrahmen kleben, um hinauszuschauen. Außerdem wird der Stall mit Ornamentglasscheiben nicht durch direkte Sonneneinstrahlung aufgeheizt und man muss nicht dauernd Fenster putzen.

Im oberen Fensterbereich installiert man praktischerweise Fensterklappen, die sich im Sommer zur Gänze herausnehmen und im Winter komplett schließen lassen.

Zum wiederholten Male: Sicherheitskriterien

Sowohl die Stallelektrik, die Wasserinstallation als auch alle anderen Einrichtungen wie Heuabwurfluken, Stalltore und Boxentüren unterliegen der Kontrolle durch die Landwirtschaftliche **Berufsgenossenschaft.** Dort können Sie leicht verständliche Broschüren und Leitlinien zum sicheren Arbeiten erhalten, deren Bestimmungen Sie beim Ausbau Ihres Stalles unbedingt beherzigen sollten.

Für den Fall einer Hofkontrolle werden Sie andernfalls womöglich mit Auflagen überschüttet, die dann in relativ knapper Zeitspanne bis zur Nachkontrolle zu realisieren sind. Das macht Stress und kostet unnötiges Geld. Obendrein sind die Vorgaben zum **Arbeitsschutz** einsichtig und logisch, die praktischen Verbesserungen liegen meistens auf der Hand – man wäre bloß von alleine oft nicht draufgekommen. Wie so häufig steckt eben auch bei der Arbeitssicherheit der Teufel im Detail und gute, erprobte Vorsichtsmaßnahmen sind da auf jeden Fall irgendwelchen lieb gewonnenen Provisorien vorzuziehen.

Das Quartier der gehörnten Kavaliere

Für den **Bock** oder die Böcke richtet man am besten einen Extrastall ein. Im Sommer bleiben unsere Böcke einfach auf ihrer Koppel und benutzen nachts den jeweiligen eingestreuten **Unterstand**. Wenn die Temperaturen auf Minusgrade sacken, stallen wir sie über Nacht in einem gut präparierten Bauwagen mit Tränke, Heuraufe, Leckstein und dicker Einstreu auf. Dort bekommen die Tiere keinen Bodenfrost und können sich ihr Quartier selber erwärmen.

Allerdings haben wir mit unterschiedlichen Böcken und verschiedensten Versuchen, diese über Nacht der Kälte wegen dort auch richtig einzusperren, nur schlechte Erfahrungen gemacht. Die Jungs neigen dann doch zum Randalieren, hauen die Türen kaputt und setzen sich selbst einer erheblichen Verletzungsgefahr aus. Inzwischen sind wir auf die Lamellen-Taktik umgeschwenkt und befestigen an den Eingangsbereichen überlappende durchsichtige und sehr robuste vertikale Plastiklamellen, die an einer vorgefertigten Hakenleiste aus Stahl über der Tür

Gut zu wissen

Die Trennung der Böcke vom Hauptstall wirkt sich positiv auf den Herdenfrieden aus – aber zudem auf das Aroma des Endprodukts, den Ziegenkäse.

Joker in Erwartung seiner Kraftfutterration.

aufgehängt werden. Diese **Lamellentüren** schützen vor Wind und Wetter und halten in notwendigem Maße auch eine erträgliche Innentemperatur. Und das Schlimmste, was ein Bock damit anstellen kann, ist, sie abzuhängen.

Da die Böcke während der **Brunstzeit** ihr sehr intensives Parfüm entwickeln, das auch noch einige Wochen nachwirkt, riecht nicht nur alles nach Bock, woran sie sich scheuern, vielmehr geht dieser Geruch beim Melken auch auf die Milch und von dort aus in den Käse über. Das ist dann ein eigenwillig strenges Produkt, von welchem manch Vorurteil gegenüber Ziegenkäse und -milch herrührt. In Wahrheit schmeckt der Käse dann nicht „zu sehr nach Ziege", er schmeckt nach Bock. In den Mittelmeerländern wird das sehr geschätzt und entspricht genau der Vorstellung der Kunden – hierzulande möchte der Verbraucher ein eher sanfteres Produkt. Um dies zu erreichen, halten wir die laktierenden Ziegen alleine im Stall und lassen die Böcke nicht in die Nähe des **Melkstandes** kommen.

Melkstände à la carte

Die Konstruktion eines **Melkstandes** obliegt im Prinzip alleine der Fantasie des Erbauers. Es gibt selbstverständlich auch vorgefertigte Melkstände zu kaufen, sogar ganz aus Edelstahl mit hydraulisch verschiebbaren Melkplätzen – aber diese Einrichtungen kosten ein mittleres Vermögen.

Für den Anfang und auch danach erfüllt ein hölzerner Melkstand Marke Eigenbau auch seinen Zweck. Die wesentliche Entscheidung ist, ob Sie im Sitzen oder im Stehen melken möchten, je nachdem ist der Melkstand so hoch wie ein Tisch oder eher wie ein Büffet. Bei zwei bis vier Ziegen, die parallel gemolken werden sollen, ist die sitzende Position bequem und machbar. Wenn es mehr werden, muss der Melker dauernd den Standort wechseln und es empfiehlt sich ein höheres Modell. Auch die Anzahl der Melkplätze richtet sich nach dem Melker: Es gibt Melkstände mit Platz für bis zu zwanzig Tieren, dann ist eine Herde mit sechzig laktierenden Ziegen in drei Durchläufen erledigt.

Allerdings sollte der Aspekt der **Melkkontrolle** gerade beim Melken vieler Tiere nicht vernachlässigt werden. Die Geschirre müssen während des Melkvorganges im Auge behalten werden, um ein gesundheitsschädliches **Übermelken** oder Blindmelken zu verhindern.

Gut zu wissen

Der Melkstand muss – gerade wenn er aus Holz gebaut wird – gut zu reinigen sein und daher am besten eine ganz leichte Schräge haben, zu der hin das Schrubbwasser ablaufen kann.
Die Ziegen benötigen einen Auf- und einen Abgang, die entweder als rutschsichere Rampe mit Querhölzern oder als Treppe angelegt werden können.

Bei ungleichmäßigen Eutern ist eine Euterhälfte viel eher leer als die andere, das entsprechende **Melkzeug** muss abgenommen und mit einem Blindstopfen versehen werden, um das Ansaugen von Schadkeimen zu vermeiden. Wir selber haben einen Melkstand mit nur sechs Plätzen und melken in zehn bis zwölf Durchgängen. Die Praxis zeigt, dass ein einzelner Melker höchstens mit acht Tieren parallel arbeiten sollte, wenn er alle **Euter** unter Kontrolle behalten will.

Je nach vorhandener Räumlichkeit konstruiert man die Anlage so, dass die Tiere hintereinander als Tandem stehen und von der Seite gemolken werden, oder nebeneinander, wobei dann das Melken von hinten erfolgt. Der Tandemmelkstand erfordert auf jeden Fall eine größere Laufleistung des Melkers bei der Arbeit.

Sechser-Melkstand mit zwei Kannenmelkmaschinen.

Melkstand-Dressur

Die Ziegen werden alle diese Abläufe bereitwillig lernen, wenn sie auf dem Melkstand ihr **Kraftfutter** erhalten. Also benötigt der **Melkstand** einen langen Trog oder mehrere kleine Tröge, wo die Ziegenköpfe entweder durch senkrechte, mobile v-förmige Hölzer oder durch einen waagrechten Riegel quer über die Hälse während des Melkens fixiert werden. Auch dafür ist eine gehörnte Ziege praktischer, weil ihr naturgegebener Spielraum zum Kopfzurückziehen wesentlich beschränkter ist als der einer hornlosen.

Die alten Profi-Ziegen, die schon mehrere **Laktationsperioden** hinter sich haben, brauchen nicht einmal fixiert zu werden: Sie haben ihre eigenen Reihenfolgen in der Aufstellung und funktionieren wie die Soldaten. Die jungen Neulinge, die das alles noch nicht so gut kennen, brauchen schon eher etwas Zeit damit.

Für die täglichen Abläufe ist es am günstigsten, wenn der Melkstand fester Bestandteil eines Rundlaufes vom und in den Stall ist: Hierbei kann kein Tier übersehen werden und jede einzelne Ziege wird auf dem Melkstand einem kurzen Gesundheitscheck und einer Euterkontrolle unterzogen, ob sie nun laktiert oder nicht.

Tipp

Wir beginnen mit der Melkstand-Dressur bereits viele Wochen vor deren erstem Ablammen, wenn wir alle noch keinen Stress und viel Zeit dafür haben, und nicht erst, wenn die Neulinge wirklich gemolken werden sollen. Ein Melkrodeo auf ungewohntem Terrain sollte man sich und den Jungtieren nicht zumuten.

Die Koppelhaltung

Draußen sollten für die Ziegen unbedingt voneinander abgetrennte Koppeln mit **Klettersteinen** und **Sandkuhlen** zur Verfügung stehen. Koppeln, die als Dauerweide genutzt werden, müssen alle sechs bis acht Wochen gewechselt und ruhen gelassen werden, um die Gefahr der **Verwurmung** einzudämmen. Außerdem werden Sie die gerade abgesetzten Lämmer auf eine andere Koppel stellen wollen als ihre lockenden und rufenden Mütter und die Böcke während einiger Monate ebenfalls separat weiden lassen, um die **Deckzeit** steuern zu können.

Das bedeutet, Sie benötigen stabile **Umzäunungen** und funktionierende **Koppeltore.**

Mit **Elektroumzäunungen** haben Ziegenhalter teilweise gute, mehrheitlich aber katastrophal schlechte Erfahrungen gemacht. Da unsere eigenen Ziegen sehr findig und listig sind, haben wir uns auf dieses Experiment gar nicht erst eingelassen, denn wir wollten nicht unserer Herde beim Auswandern ins Recknitztal zusehen müssen.

Geniale Ausbrecher

Wenn eine einzelne Ziege auf irgendeine List gekommen ist, wie sie den Elektrozaun austricksen kann, machen das alle anderen Herdenmitglieder unverzüglich nach. Dasselbe gilt für das Öffnen von Koppeltoren oder anderen Riegeln, weshalb man stehenden Fußes umrüsten und anders konstruieren muss, sobald die Ziegenintelligenz einem mal

Die Jungziegenbande auf den Klettersteinen.

Alle Koppeltore haben sowohl nach innen als auch nach außen Verriegelungen!

wieder ein Schnippchen geschlagen hat. Abwarten bedeutet lediglich, dass die Ziegen eine nach der anderen denselben Trick immer wieder anwenden und Sie das Tor auch gleich aushängen könnten.

Der sinnvolle Mitarbeiter bei der Koppelhaltung

Zur Koppelhaltung empfiehlt sich mindestens ein zusätzlicher vierbeinigen Mitarbeiter, denn Sie wollen die Ziegen ja abends ohne viel Trara wieder auf dem Melkstand und im Stall haben, morgens nach dem Melken wieder auf der vorgesehenen Koppel zur Beweidung und nicht voller Entdeckerfreuden in Ihrem Gemüsefeld oder im Ziergarten.

Ob Sie mit Treibgängen zwischen Ihren Koppeln arbeiten oder die Ziegen über freies Feld oder gar Wege und Straßen bewegen müssen: Ein gut trainierter Koppelgebrauchshund – bei größeren Ziegenherden und größerem Gelände lieber zwei, denn sie teilen sich die Flankenarbeit selber gegenseitig zu – nimmt Ihnen viel Arbeit ab, wenn er verstanden hat, was er für Sie tun kann.

Die Ausbildung des Hundes erfordert unendliche Geduld und gute Fachliteratur oder aber einen Fachmann. Außerdem kommt es darauf an, ob Ihr Junghund schlau oder eher schlichten Gemütes ist – da steckt man nicht drin, es erweist sich oft erst beim Training. Auf alle Fälle wird dieser Mitarbeiter Ihnen unzählige Kilometer Rennerei und viel, viel Zeit sparen, wenn es um den Umtrieb geht. Und außerdem gibt es für Border Collies – geborene und leidenschaftliche Hütehunde – keine bessere Beschäftigung und nichts Schöneres, als mit einer Herde arbeiten zu können.

Tipp

Wir sind inzwischen dazu übergegangen, jedes Tor – ob im Stall oder an der Koppel oder im Wartebereich – mit jeweils zwei verschiedenen Verschlüssen zu sichern, da unsere Ziegen bereits herausgefunden haben, wie man Karabinerhaken öffnen kann …

Robin, Laika und Bonnie müssen den Gästen beweisen, wie gut sie aufpassen können.

Gut zu wissen

Ein Hund als Mitarbeiter ist sogar steuerfrei, wenn er eine gewisse Befähigung nachweisen kann. Wir reden von einem Koppelgebrauchshund, deren gelehrigste Exemplare unter den Hütehunden und dort vor allem bei den Border Collies zu finden sind.

Der bereits erwähnte **Herdenschutzhund** dient einzig und allein der Abwehr von Räubern und Raubgreifern. Er bleibt immer bei den Tieren und wird sie gegen jeden Feind bis aufs Blut verteidigen. Er ist kein Hütehund und verfügt auch nicht über dessen Eigenschaften, die Herde zu bewegen oder zusammen zu halten. Aber in Gegenden, wo sich jetzt wieder Wölfe ansiedeln, ist er ein ratsamer Schutz und wird dort auch behördlicherseits im Ankauf gefördert.

Eine Koppel ist ein Stück Land mit einem Zaun drumrum

Wir haben uns für eine der preisgünstigsten Alternativen von **Umzäunung** entschieden, die im Vergleich zu anderen Einrichtungen relativ selten repariert werden muss und ihren Zweck befriedigend erfüllt. Die Zaunpfosten bestehen aus zwei bis drei Meter langen Eichenpfählen, die im hiesigen Forstrevier recht günstig zu erwerben sind. Sie sollten jedoch, in keinem weiteren Abstand als drei Meter und mindestens einen Meter tief, fest in den Boden gesetzt werden. Bei einer großen Anzahl solcher Pfosten empfiehlt sich unbedingt der Einsatz eines maschinell betriebenen Erdbohrers.

Die ausgewachsenen Zicken können qua Eigengewicht zwar längst nicht so hoch springen, Lämmer und heranwachsende Ziegen sowie die in Brunst entflammten Böcke schaffen aber locker jeden niedrigeren Zaun. Die Tore zwischen den Koppeln oder zum Treibgang hin müssen sehr robust gebaut werden, weil die Ziegen genau an diesen Ein- und Ausgängen all ihr Heimwerkertalent an den Tag legen werden.

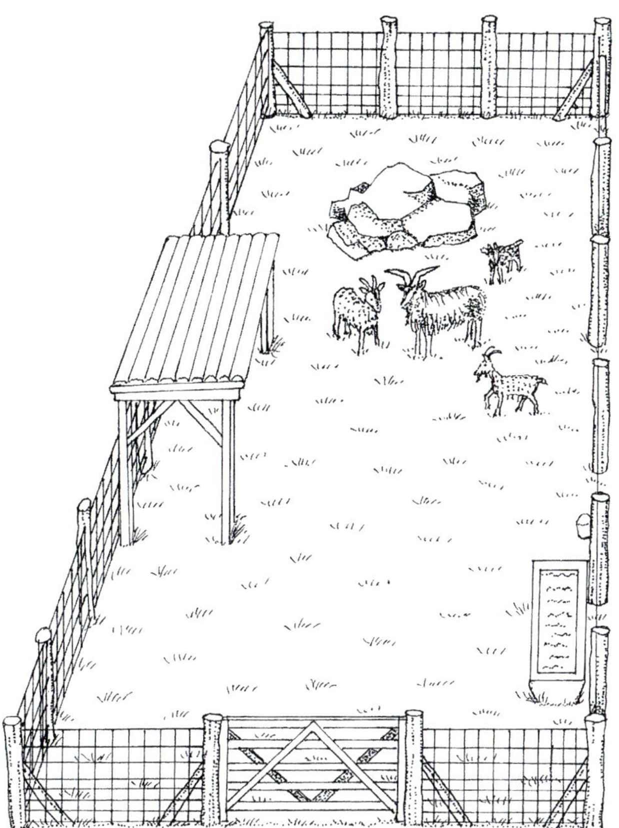

Jede Koppel braucht Tränke, Unterstand und Klettersteine.

Gut zu wissen

Sie sind als professioneller Nutztierhalter übrigens dazu verpflichtet, Ihre Zäune und Tore regelmäßig zu kontrollieren und darüber ein Kontrollbuch zu führen, um nachweislich Ihrer Obhutspflicht nachzukommen. Im durch ausbrechende Ziegen verursachten Unglücksfall kann Ihnen dies viel Ärger und Haftungsansprüche sparen.

Diese Koppelpfähle werden mit mittelschwerem Knotengitter bespannt, das zur Sicherheit anderthalb Meter hoch und nach unten hin mit schmaler werdenden Gitteröffnungen ausgestattet sein sollte.

Ziegen sind bei Regen eigentlich aus Zuckerwatte

Auf jede Koppel gehört ein **Unterstand**, denn die Ziegen hassen allem voran Wasser und Regen und werden sich notfalls auf Schuhkartongröße zusammenfalten, um allesamt das kleinste trockene Plätzchen zu ergattern, das zu haben ist.

Unterstände sind ebenfalls aus Eichenpfählen und mit einem geteerten Pultdach einfach zu bauen, wobei sich eine Innenunterteilung aus den gleichen Gründen wie im Laufstall empfiehlt. Wir haben auf mehreren Koppeln alte Bauwagen als Unterstände installiert, was zwar nicht besonders schön aussieht, aber gleichzeitig den Zweck eines Ausweichquartieres für die Böcke im Winter oder für kranke Tiere erfüllt. Außerdem finden die Tiere praktischerweise in zwei Ebenen Regenschutz: im und unterm Wagen. Das erspart eine weitere Raumteilung.

Ziegen sind Baumvernichter

Die Koppeln brauchen natürlich eine **Wassertränke** und sind im Idealfall durch Baumbestand beschattet. Aber Achtung! Ziegen schälen Ihnen jeden noch so dicken und alten Baum innerhalb weniger Stunden rundum ab, denn sie lieben frische Rinde, vor allem wegen der Gerbstoffe (Tannine), die in Baumrinden reichlich vorhanden sind. Baumbestand ist für Koppeln

Schade, schade, wir sind immer noch nicht an die Baumrinde gekommen ...

auf jeden Fall wünschenswert, aber er muss unbedingt vor dem **Verbiss** geschützt werden.

Wir haben die leidvolle Erfahrung gemacht, dass der von uns mühsam installierte Maschendrahtverhau um unsere Bäume lediglich wenige Wochen standgehalten hat. Die Ziegen haben so lange an ihm gearbeitet, bis er zerlegt war. Also mussten wieder Eichenpfähle her und stabile Verbretterungen, um jeden einzelnen Baum neuerlich zu schützen. Das wirkt im Endeffekt optisch etwas sonderbar, ist die Mühe jedoch allemal wert. Im Übrigen verfüttern wir unseren Ziegen auf den Koppeln regelmäßig **Baumschnitt**, damit sie Rinde knabbern können. Aber dadurch lassen sie sich keinesfalls von weiterer Selbstbedienung abhalten.

Wichtig!

Entfernen Sie alle schädlichen Bäume und giftigen Gewächse aus dem Einzugsbereich der Ziegen. Dazu zählen allen voran alle Taxus- und Thujagewächse sowie Rhododendren, Efeu und Blauregen und die frühen Zwiebelblüher wie Schneeglöckchen, Maiglöckchen, Osterglocken und Tulpen. Der Genuss dieser Pflanzenarten kann je nach Menge zu starken Verdauungsbeschwerden, aber auch zu toxischen Gesamtschädigungen bis zum Tod führen.

Zusatzequipment

Die **Koppeln** brauchen **Klettersteine,** was wir später im Kapitel Pflege noch erläutern. Da das Heranschaffen per LKW und der Aufbau dieser Kletterberge Platz und Freiraum benötigen, erbauen Sie sie am besten, bevor Sie die Zaunpfosten setzen und den Zaun ziehen. Ähnlich verhält es sich mit einem weiteren Pflegeaccessoire, der **Sandkuhle.** Auch hier wird der Kipplaster kommen müssen, wenn Sie das gesamte Material nicht mit der Schubkarre mühsam auf die Koppel karren wollen. Also: vorher planen und einrichten.

Pflege dient der Lebenserhaltung Ihrer Koppeln

Koppeln wollen gepflegt werden. Der regelmäßige Umtrieb ist die erste Maßnahme dazu, aber spätestens in jedem dritten Herbst sollte die Weide mit einer leichten bis mittelschweren Egge durchgezogen und gelüftet werden. Das ist auch die Zeit, in der gegebenenfalls auf ausgedünnten Bereichen **Koppelgras** nachgesät werden muss. Die Weidegrasmischungen sind Kaltkeimer und brauchen Winterruhe, um im Frühjahr aufgehen zu können. Damit sich die Nachsaat gut entwickelt, können Sie auch gleich den alten Misthaufen zur **Düngung** auf den betreffenden Stellen ausbringen und mit der Egge verteilen. Die so behandelten Koppelflächen dürfen dann natürlich während des Winters nicht mit Tieren besetzt werden.

Kluge Koppelaufteilung

Von der Gesamtanlage der Koppelflächen her sollten Sie bei der Zucht mit zwei Herden die **Brunstzeit** berücksichtigen. Dann ist es unbedingt erforderlich, zwischen beiden Herden – und vor allem zwischen beiden Böcken, die zu diesem Zeitpunkt erbitterte Konkurrenten sind – mindestens eine unbenutzte Koppel zu haben.

Stehen sich die beiden Böcke mit nur einem Zaun dazwischen gegenüber, werden sie sofort anfangen, miteinander zu kämpfen, Zaun

Frisches Wasser muss für die Ziegen immer bereitstehen – leider trinken sie gerne auch mal Dreckbrühe …

hin oder her. Die gehörnten Damen verschärfen diese Situation ihrerseits, weil sie sich bei beiden Kavalieren gleichzeitig anbiedern. Mit einem Wort: Ihre beiden Herden und Ihre zwei Böcke drängeln sich alle an einer Stelle und der Zaun dazwischen ist solchem Massenandrang aus beiden Richtungen auf Dauer nicht gewachsen. Der Zaun zieht dabei mit Sicherheit den Kürzeren, wenn er nicht wie bei einem Hochsicherheitstrakt angelegt wurde. Die ganze Angelegenheit verläuft wesentlich entspannter, wenn Sie in dieser Phase für einen optischen und sensorischen Abstand beider Gruppen sorgen. Letztlich ist das immer die alte Geschichte mit dem Fährmann, dem Schaf, dem Kohlkopf und dem Wolf …

Der kleine Ziegenluxus: eine Tüderstelle

Neben diesen Hauptkoppeln ist es oft von großem Nutzen, ein kleineres Stück Weide für ein, warum auch immer, separiertes Tier in Reserve zu haben. Das Tier kann krank sein, geschwächt oder rekonvalenszent, vielleicht hat es verspätet als einziges gelammt und muss mit seinem Baby erst einmal vertraut werden, bevor man beide in die Herde der nun Eifersüchtigen gibt. Die **Tüderstelle** muss auch nicht unbedingt eingezäunt sein, eine einzelne Ziege können Sie beruhigt mit einem Tüder pflocken, wobei sie den Bewegungsspielraum einer mindestens fünf Meter langen Kette mit **Drehwirbeln** an jedem Ende benötigt. Sollte ein frisches Lamm dabei sein, wird es sich sowieso nicht weit von der Mutter entfernen.

Der Tüderplatz muss einen Schattenbereich bieten und natürlich müssen Sie dem angeketteten Tier frisches Wasser in Reichweite stellen. Da die Ziege – vor allem in außergewöhnlichen Situationen – immer für Überraschungen gut ist, sollte man sie nicht wirklich alleine lassen, wenn sie einzeln angebunden ist.

Tipp

Wir behalten eine getüderte Ziege lieber immer in Auge und Ohr, daher haben wir unsere Wildwuchstüderstelle im Gartenbereich nahe beim Haus und den Wirtschaftsgebäuden eingerichtet.

Fütterung

„Die Ziege kann sich nicht eher freuen als bis sie bekommt, was sie will."
(Estnisches Sprichwort)

Ziegen sind sehr wählerische Feinschmecker, aber glücklicherweise keine selektiven Fresser auf der Koppel. Wir haben beobachtet, dass sie die Pflanzen in unterschiedlichen Stadien bevorzugen: Brennnesseln lassen die Tiere zum Beispiel wuchern und hochkommen bis zur Blütezeit, dann werden sie radikal verputzt.

Und es gibt auch unter den einzelnen Tieren unterschiedliche Geschmäcker und Vorlieben: manche haben glücklich eine ganze Hand voll Löwenzahnblüten im Maul, andere knabbern eher verhalten an denselben Butterblumen. Aber irgendwer wird immer von jedem etwas fressen, weshalb eine Ziegenkoppel nach gründlicher Beweidung ein bisschen aussieht wie ein sorgsam gestutzter englischer Park.

Außer im Sommer gibt's auch Heu auf den Koppeln.

Raufutter – die wichtigste Ernährungskomponente der Wiederkäuer

Wenn der Sommer uns keine Dürre beschert, kommen wir tagsüber sehr gut mit der Koppelbeweidung aus. Stehen die gehörnten Damen über Nacht im Stall wird **Heu** ad libitum zugefüttert. Mit Heu meinen wir „Pferdeheu", erste Mahd, langfaserig, duftend und trocken.

Natürlich ist der **Heubedarf** bei guter Weidehaltung im Sommer wesentlich geringer als im Winter, wenn es draußen nichts Grünes mehr gibt. Wir rechnen im Sommer mit etwa fünfzehn Kilogramm für zehn

Gut zu wissen

Raufutter muss jederzeit zur Verfügung stehen, denn das komplizierte Wiederkäuermagengefüge darf nicht leer laufen: Das kann schnell zu ernsthaften und langwierigen Problemen führen.

Ziegen am Tag, im Winter ist es das Doppelte und wenn gelammt wird und die neue **Laktationsphase** beginnt, noch etwas mehr.

Ergänzungsfuttermittel

Würden unsere Ziegen wie ihre frei lebenden Vorfahren täglich kilometerweit wandern und sich individuell hier und dort ganz besondere Dinge zum Fressen aussuchen können, würden sie keine **Egänzungsfuttermittel** brauchen. Aber die Koppeln – selbst wenn mit wunderbaren Wildkräutermischungen besät – und das Heu bieten ihnen nicht die erforderliche Vielfalt zur Komplettversorgung mit jenen kleinen und kleinsten Mengen an Stoffen aller Art, die ihr Organismus zur gesunden Ganzheitlichkeit benötigt.

Deshalb müssen immer **Minerallecksteine mit Kupfer** zur Verfügung stehen. Vor und nach dem Ablammen bekommen die Ziegen außerdem zusätzliche Kräuter- und **Vitamingaben**, um ihren dann sehr stark beanspruchten Stoffwechsel zu stabilisieren.

Gut zu wissen

Ergänzungsfuttermittel gibt es in industrieller und in biologisch-natürlicher Machart, wobei Letztere wesentlich besser, jedoch auch erheblich kostenintensiver sind.

Oh Tannenbaum, oh Tannenbaum

Baumschnitt und Buschwerk, Tannengrün und Rinde sollten immer wieder auf den Koppeln mit angeboten werden. Das große Nachweihnachtsfest unserer gehörnten Damen ist immer der Tag der Heiligen Drei Könige, wenn alle Nachbarn im Dorf ihre ausrangierten Weihnachtsbäume entschmücken und auf unsere Koppeln bringen: Blaufichten, Nordmannstannen, immer das Feinste vom Feinen.

Vorsicht!

Die abgeschälten und abgenagten trockenen Äste der Weihnachtsbäume können ein Verletzungsrisiko für das Euter bergen. Deshalb muss das verbrauchte Dörrzeug regelmäßig von der Koppel abgesammelt werden.

Im Winter sind Obst und Gemüse wichtig

Wenn auf den Koppeln nichts mehr grünt und treibt und die gehörnten Damen und Herren nur noch vertrocknete Blätter, abgestorbenes Gras und Astwerk beknabbern können, ist es notwendig, auch **Feuchtfutter** zum Heu beizufüttern. Dafür eignen sich vor allem Futterrüben und Futtermöhren, aber auch Kürbisse, Äpfel, Birnen oder Runkeln.

Ziegenmüsli

All dies dreht man am besten durch die Rübenmühle, um maulgerechte Schnetzel herzustellen, bietet es in Schüsseln und Trögen reichlich für alle an oder mischt es zu gleichen Teilen unter das Getreide. Dieses Müsli ist vitamin- und nährstoffreich, frisch aus der Miete oder dem Erdkeller. Ihre Tiere werden sich begeistert zeigen.

Einfach und nicht risikolos: Fertigfuttermischungen

Um die **laktierenden** Ziegen nach dem **Ablammen** und während der Melkperiode bei ihrer Hochleistungsarbeit zu unterstützen, wird **Kraftfutter** gegeben. Die einfachste Lösung ist Fertigfutter, welches in Pelletform als Milchleistungsmischung angeboten wird.

Die Zusammenstellung der nötigen Inhaltsstoffe ist hier zwar gewährleistet, aber die vergangenen Futtermittelskandale lassen einen argwöhnisch werden, weil Zutaten und Herstellungsweisen zum größten Teil mysteriös bis zweifelhaft bleiben. Nicht zuletzt gilt es als erwiesen, dass schlimme Tierkrankheiten wie BSE und TSE dadurch mitverursacht worden sind, dass Tierkadaver als Eiweißlieferanten ins

Lucie frisst nacheinander alles ab was auf der Koppel gedeiht, auch Disteln oder Brennnesseln.

Fertigfutter für Pflanzenfresser wie Kühe, Schafe und Ziegen gemischt wurden. Selbst sehr hochpreisige, biologisch-dynamische Ökopellets standen leider unter dem Verdacht, in Hallen gelagert und durch Maschinen gejagt worden zu sein, die mit Nitrofen oder anderen Giftstoffen verunreinigt waren.

Die Anschaffung einer eigenen Getreidequetsche rechnet sich bei einem etwas größeren Ziegenbestand auf jeden Fall!

Nicht einfach aber ohne Risiko: eigene Kraftfuttermischungen

Daher ist die weniger einfache Lösung wahrscheinlich die bessere: Sie stellen Ihr Futter selbst zusammen. Im Landhandel ist jede Art von gereinigtem und getrocknetem **Getreide** zu kaufen, wenn Sie nicht sogar einen benachbarten Bauern finden, der für Sie die entsprechenden Sorten anbaut und gemäß Ihren Wünschen auf dem Acker nicht mit Halmverstärkern oder sonstiger Chemie besprüht. Um ein ausgewogenes Eiweiß-Energie-Verhältnis herzustellen, sollten Hafer, Gerste und Weizen zu gleichen Teilen gequetscht angeboten werden.

Wir haben am Anfang unserer Ziegenzucht auch mit gutem Erfolg Sojaextraktionsschrot beigegeben – das haben wir allerdings sein lassen, da niemand mehr garantieren kann, dass das Soja nicht gentechnisch manipuliert worden ist.

Silagefütterung – Gärprodukte mit Nebenwirkungen

Sehr nährstoffreich und vor allem sehr kostengünstig sind Heu- und Maissilage oder auch andere Gärprodukte wie Trester. Ihr gemeinsames Problem ist, dass bei schlechter Gärqualität diverse Bakterien fröhliche Urstände feiern, wovon einige ernsthaft schädlich sind. So können **Listeria** wie auch bestimmte **Clostridien**-Arten in der **Silage** vorkommen, die von dort über das Tier in die Milch gelangen und Ihren Käse zu einem nicht mehr verkehrsfähigen Produkt – zu Müll – machen. Dem kann man zum Teil durch erhöhte Zugaben chemischer Substanzen beim Käsen entgegenwirken, das aber ist es mit Sicherheit nicht, was Ihre Kunden beim Direktkauf eines handwerklich hergestellten Naturproduktes vom Bauernhof wirklich haben wollen.

Wenn Sie Rohmilchkäse herstellen wollen, fällt Silagefütterung sowieso flach!

Hinweis

Für eine laktierende, erwachsene Ziege rechnen wir mit einem Kilogramm Getreide am Tag – aufgeteilt in zweimalige Gaben beim Fressen auf dem Melkstand, morgens und abends. Lämmer, trächtige Ziegen und die Böcke erhalten etwa die Hälfte.

Indikatoren guter oder mangelhafter Fütterung

Einem ordentlich ernährten Tier kann man dies ansehen: Es besitzt ein glänzendes Fell, bewegt sich munter, ist aufmerksam und lebhaft. Bei falscher Ernährung kommt es zu einer Störung der **Pansenflora,** was zu rauem Haar, **Mattigkeit** und nur sehr langsamem **Wiederkäuen** führt.

- Vor allem ist die **Kotkonsistenz** ein ganz deutliches Signal: Wenn alles im grünen Bereich ist, müssen es einzeln getrennte, dunkle und feste Bohnen sein. Jede Abweichung davon bedeutet ein erstes Alarmsignal (außer direkt nach dem **Ablammen**, wenn der plötzliche Hormon- und Stoffwechselstoß vorübergehend zu Kotwürsten bei den Muttertieren führt).
- Wenn die Ziege weichen Kot oder **Durchfall** hat, muss es sich um eine gravierende Störung des Magen-Darm-Traktes handeln, die eben durch **Fehlernährung** oder durch **Endoparasiten** ausgelöst wurde.
- Zweitens zeigt sich unzureichende oder falsche Fütterung sogleich an der **Milchleistung.** Extreme Abweichungen oder Schwankungen der Milchleistung eines einzelnen Tieres sind Anzeichen eines erheblichen Mangels oder einer Erkrankung. Innerhalb der ganzen Herde weist der plötzliche Rückgang der Milchleistung aller Tiere ganz unzweifelhaft auf eine **Fehlfütterung** hin, denn dass sämtliche Tiere – auch bei einer ansteckenden Krankheit – exakt zeitgleich erkranken, ist vollkommen untypisch.

Dabei sollte man aber in Betracht ziehen, dass auch – und vor allem bei **Koppelhaltung** – die Witterung eine Rolle für einen gewissen Rückgang der **Milchmenge** spielen kann. Es gab bei uns schon fast tropische Sommerwochen, in denen das Quecksilber nur für wenige Stunden unter dreißig Grad sank und jeden Tag erbarmungslos die Sonne vom Himmel brannte. Dann mögen die Ziegen auf den Koppeln kaum aus dem Schattenbereich von Bäumen oder Unterständen kommen, um zu grasen. Dasselbe kann bei Dauerregen vorkommen, wenn die Tiere ihren Schutzbereich nicht verlassen wollen, damit sie nicht dauernd durchnässt werden.

Lämmer- und Bocksfütterung

Ob Sauglämmer oder auf Ersatzmilch umgestellte **Lämmer** – nach spätestens zehn Tagen ihres Erdendaseins hat sich die **Pansenflora** so weit entwickelt, dass die Kleinen bereits anfangen, **Heu** zu knabbern. Ab diesem Zeitpunkt sollte ihnen auch täglich ein wenig **Getreide** angeboten werden, allerdings ausschließlich in gequetschtem Zustand, denn ganze Körner können sie mangels ausgewachsener Mahlzähne noch nicht zerkauen und daher nur schlecht oder überhaupt nicht verdauen. Mit Maisschrot haben wir in diesem frühen Lebensabschnitt der Tiere

Hinweis

Die Ziegen bekommen obendrein – wie bei allen anderen gesundheitlichen Störungen ihres Gesamtzustandes – ein dickes Gesicht. Die Backen- und Maulbehaarung dieser Tiere sträubt sich ab, und aus den schlanken, edlen Ziegenköpfen werden dann merkwürdig dreinschauende Teddybärengesichter.

Tipp

Bei solch extremen Wetterlagen – wenn sie sich über längere Zeiträume hinhalten – sollte man eine vorübergehende Stallhaltung bevorzugen, denn sie tut den Tieren wohler als dauernder **Hitze- oder Nässestress** *im Freien.*
Ihre Futteraufnahme und Milchleistung reguliert sich wieder von selbst, wenn im Stall genügend **Raufutter** *zur Verfügung steht und* **Grünfutter** *frisch gesenst dazu gereicht wird. Die Voraussetzung ist wiederum ein gutes* **Stallklima**, *das Hitze und Kälte selbsttätig ausgleicht.*

Die Mädchenlämmer beim Vespern.

eher schlechte Erfahrungen gemacht, aber Quetschhafer und gequetschten Weizen haben die Kleinen immer gut vertragen.

Die gehörnten Kavaliere benötigen im Prinzip nur dann **Kraftfutter,** wenn sie viel Energie verbrauchen, also in kalten Winterperioden und während der **Deckzeit** – man will ja auf keinen Fall, dass sie bei ihrem fast ganzjährigen Müßiggang verfetten und zu schwer werden.

Allerdings ist es für Ziegen nicht einfach, ihr komplexes Magensystem auf plötzliche Kraftfuttergaben umzustellen, wenn sie über einen zu langen Zeitraum keines bekommen haben. Daher geben wir über das ganze Jahr jeden Morgen eine gute Hand voll Kraftfutter an die Böcke, winters und während der Brunst dann regelmäßig eine ordentliche Tagesdosis.

Ablenkungsfütterung in schwierigen Situationen

Die **Ablenkungsfütterung** erfolgt natürlich immer mit dem begehrtesten **Kraftfutter** in möglichst kleinen Dosierungen. Beispielsweise: Der Zaun hat ein ziegengemachtes neues Loch und die gehörnten Damen entweichen bereits eine nach der anderen Glöckchen klingelnd in Richtung Nachbars Gemüsegarten. Wenn Sie nicht laut rufend, wild gestikulierend, ihren **Koppelgebrauchshund** nervös machend, durch das Zaunloch hinter den Ziegen her und um sie rundum rennen wollen, viel Zeit vertun und jede Menge Schweiß und Nerven vergeuden möchten, hilft nur die Ablenkungsfütterung sofort und nachdrücklich. Das setzt voraus, dass Ihre Tiere alle auf Anhieb den Futtereimer erkennen – dass Sie also immer das gleiche Eimermodell für Kraftfuttergaben verwenden.

So rennen Sie nicht Ihren entfleuchten Nutztieren hinterher, sondern schnellstens zum Futterlager, füllen den Eimer und gehen zurück auf die verlassene Koppel. Sie rufen jene Ziegen, die erfahrungsgemäß am besten hören, beim Namen und zeigen ihnen den Eimer. So schnell, wie sich die gesamte Truppe im Handumdrehen wieder bei Ihnen einfindet, hätten Sie sie anders nie zurückbekommen.

Und während die Ausbrecher fressen, haben Sie genug Zeit, den kaputten Zaun zu flicken. Dasselbe gilt für renitente Böcke, die während der **Brunstzeit** die jeweils auserkorenen Damen abends nur ungern zum **Melken** von der Koppel gehen lassen wollen. Eine Ablenkungsfütterung siegt dann momentan doch noch über die männliche Liebesblindheit, und während die Kavaliere schmausen, werden die Damen gerne dem **Melkstand** zustreben, denn dort wartet auf sie ja ebenfalls Kraftfutter und die Erleichterung von der abendlich drückenden Milch.

Hinweis

Ablenkungsfütterungen haben natürlich überhaupt nichts mit dem normalen Fütterungsplan zu tun, sie sollten aber im Vorratsbedarf mit eingerechnet werden. Und bei jeder vertrackten Situation überlegen Sie am besten zuerst, ob sich die Sache nicht durch gezieltes Überlisten per Futterangebot in der einen oder anderen Weise entspannen lässt.

Viele sinnvolle Mitarbeiter bei der Futterbevorratung

Mengenweise **Heu** auf einem gut gelüfteten Heuboden dicht und ordentlich zu packen, bei Feuchtigkeit mit großzügigem Viehsalzstreuen gegen **Fäulnis** und **Selbstentzündung** über jeder Schicht zu schützen, ist anstrengend, braucht aber keine weitere Kontrolle. Auch wenn das Heu erst einmal draußen in einer Miete auf belüfteten Paletten gepackt und mit großen Planen sturmfest bedeckt ist, kann kaum noch etwas damit passieren.

Die Lagerung von **Getreide**, **Futterrüben** und anderem **Feuchtfutter** hingegen lockt eine Menge wilder Räuber an. Spätestens wenn die Tage kürzer und kälter werden, finden sich sippenweise Nager – darunter die ein und andere Wanderrattengroßfamilie – ein, um einen schönen, warmen Winter mit ausreichend Essensvorräten etwa in Ihrem Getreideboden, Rübenkeller, Obstschuppen oder unterhalb der Getreidequetsche zu verbringen.

Dagegen hilft zwar Gift in vielerlei Form. Das ist uns jedoch viel zu gefährlich angesichts einer möglichen Vergiftung unserer Ziegen. Mit Fallen kommt man nicht wirklich weit, wenn die Populationen zu groß sind. Daher sind wir bei weiteren Hofmitarbeitern, die nicht nur sinnvoll, sondern unverzichtbar sind: Katzen, Katzen, Katzen.

Unsere Katzen bewältigen gerne nebenbei noch alle Koppeln und Unterstände sowie den Gartenbereich. Obwohl und eigentlich gerade, weil wir alle regelmäßig und ausreichend füttern. Die Bauernmär, dass Katzen nur gut jagen würden, wenn sie hungrig sind, ist längst widerlegt. Nachgewiesenermaßen jagt die satte – und auch kastrierte oder sterilisierte – Katze genauso gut und viel, bleibt aber standorttreuer als eine ausgehungerte, die überall im weiten Umkreis nach Essensgaben pilgern geht.

Wir beschäftigen für zwei große Ställe mit allen denkbaren Nebengebäuden acht dieser domestizierten Kleintiger.

Ziegenpflege und vorbeugende Naturheilkunde

„Haare hat sie wie von Seide, Hörner hat sie wie ein Stier, meck, meck, meck, meck."
(Böhmisches Lied)

Gut zu wissen

Tierpflege erfüllt keinen Selbstzweck oder ästhetischen Anspruch des Halters, sondern dient vorrangig der Prävention von Krankheiten, die sich erst aus der Haltung als Nutztier ergeben.

Eine frei lebende, wandern und kletternde Ziegenherde wird weder Probleme mit Fellverfilzung noch mit verwachsenen **Klauen** oder zu spitzen **Hörnern** haben. Entweder können die Tiere diese lebenslang nachwachsenden Aussprießungen auf natürliche Weise kontrollieren und im gesunden Maß halten oder sie werden an irgendwelchen Folgeerkrankungen eher früher als später eingehen, womit eine **Selektion** seitens Mutter Natur stattgefunden hat.

In menschlicher Gefangenschaft als domestiziertes Wesen sieht die Lebensrealität der Ziegen wesentlich eingeschränkter aus. Ob in Stallhaltung oder mit Koppelfreilauf: Die Tiere legen längst nicht die Strecken zurück, die sie wild lebend täglich wandern würden. Der Untergrund ist weitgehend weich und nachfedernd, wenn sie auf **Koppeln** und in Ställen gehalten werden, ganz im Gegensatz zu ihrer ursprünglichen Heimat im Gebirge. Sie haben es insgesamt mit zu wenig Steinen und Felsen zu tun, sei es hinsichtlich der Lauffläche an ihren Füßen als auch in Bezug auf Fellschubbern und Hörnerabwetzen. Auch der ursprüngliche Domestikationsgrund, das Abmelken, schafft den Tieren Probleme, die sie wild lebend nicht bekommen würden. Deshalb ist es notwendig, dass der Ziegenhalter nachhilft, bevor es zu gesundheitlichen Beeinträchtigungen kommt.

Pediküre für die Vierbeiner

Vorrangig muss Fußpflege betrieben werden, denn eine der schlimmen und im chronischen Verlauf auch ansteckenden Folgekrankheiten ungepflegter **Klauen** ist die **Moderhinke.**

Ziegen verfügen an allen vier Beinen über jeweils zwei Trittklauen und zwei rudimentäre Afterklauen, die aber kein eigentliches Problem bilden: Sie sind mysteriöse Überreste der Evolution und werden höchstens einmal beim Ausrutschen als eine Art Rücktrittsbremse eingesetzt.

Die Trittklauen regenerieren sich schnell und beständig, sie sind quasi auf dauernden Nachschub für das Abnutzen auf Gebirgsstein programmiert. Daher wachsen sie für eine domestizierte Haltung viel zu stark und bilden dann nicht mehr den gewünschten stabilen **Trittrand**, sondern fangen an, sich unter der **Lauffläche** zusammenzurollen. Das Tier kann nicht mehr vernünftig gehen, schlimmer aber: Jede Menge Unrat sammelt sich in den entstehenden Hohlräumen und fängt an zu vermodern. Da die Lauffläche der Klaue aus **Hornhaut** über dem sogenannten Leben besteht, das für Tast- und Trittsicherheit zuständig ist, führt ein Verfaulen an dieser sehr durchbluteten Stelle schnell zu schlimmsten und bakteriell ansteckenden Entzündungen, die von der Klaue über den Fuß bis ins Knie aufsteigen können.

Regelmäßig ist wichtig

Wir schneiden unseren gehörnten Damen und Herren alle drei Monate die **Klauen** nach, vor allem aber jeweils vor dem **Decken** (wo sicherer

Klauenpflege geht leichter, wenn ein wenig Futter lockt: Praktikumsstudentin Sabine mit Unterstützung unseres Mitarbeiters.

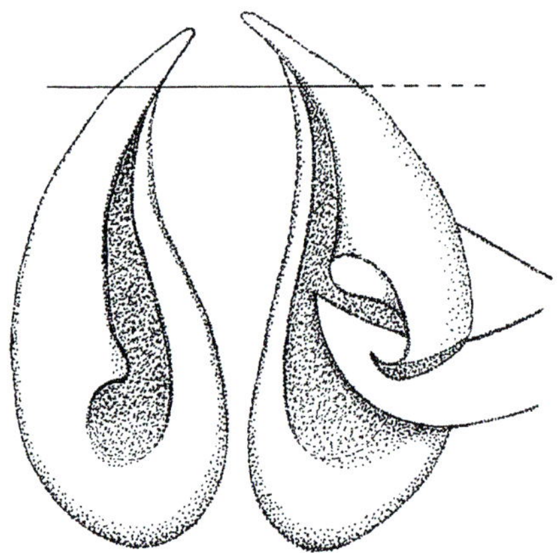

Der eingerollte Tragrand wird schichtweise abgeschnitten, bis die Lauffläche glatt ist.

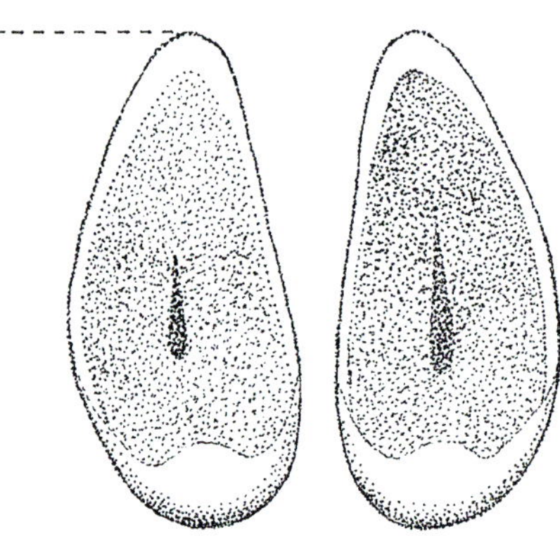

Nach dem Schnitt: Sohle (Leben), Ballen und Tragrand bilden eine ebene Fläche, die Spitze ist abgerundet.

und schmerzfreier Stand für alle Beteiligten von unbedingtem Vorteil ist) und vor dem **Ablammen**, damit das Klauenthema in der darauffolgenden aufregenden Zeit für Tier und Mensch nicht noch zusätzlich drankommt. Es ist unabdingbar, den **Lämmern** im Alter von spätestens vier Monaten zum ersten Mal die Klauen zu schneiden, um den eventuell jetzt entstehenden, lebenslang anhaftenden Missbildungen durch früh verwachsene Klauen vorzubeugen. Der Turnus für das Klauenschneiden steht ja mehr oder weniger auf dem Arbeitsplan fest, aber Sie sollten ihn immer auch witterungsabhängig bestimmen.

Utensilien für die Pediküre

Zum **Klauenschneiden** benötigt man eine starke und scharfe Klauen- oder Rosenschere mit ordentlicher Druckübersetzung, damit man keinen Muskelkater vom Faustexpandern bekommt. Sie können leicht ausrechnen, mit wie viel Klauen Sie es bei nur dreißig Tieren zu tun haben: dreißig mal vier mal zwei macht zweihundertundvierzig.

Außerdem braucht man ein feststehendes, starkes Messer mit dicker, aber stumpfer Klinge und runder Spitze, um Dreckreste oder eingewachsene Steinchen verletzungsfrei zwischen den Klauen und aus dem Klauenbett zu entfernen. Dann empfiehlt sich unbedingt **Hufteer** (natürlich gewonnener Buchen- oder Eichenteer) was entsetzlich schmiert und gruselige Flecken macht, aber jede Verletzung von Klaue oder Leben zuverlässig, wasserdicht und antiseptisch verschließt.

Letztlich ist noch ein **Blauspray** empfehlenswert, das durch seinen Metallgehalt von Kupfer oder Zink die fertig geschnittene Klaue praktisch konserviert und dafür sorgt, dass das gestutzte Material sich verschließt und vor Einreißen geschützt ist.

Tipp

Klauen lassen sich doppelt so einfach, dreimal so schnell und wie weiches Gummi schneiden, wenn die Ziegen den ganzen Tag auf einer regennassen Koppel geweidet haben. Nach tagelangem Stehen auf trockenem Boden dagegen nehmen die Klauen die Konsistenz von Hartplastik an.

Die anstrengende Praxis

Für den Vorgang selbst kommt wieder unsere bewährte **Ablenkungsfütterung** ins Spiel. Auf einem selbstgezimmerten Pflegestand, der auch bei allen Arten von Tierarztbesuchen als Behandlungstisch dient, ist nach einem Halsfixierer vorne die bewusste Fressschale mit **Getreide** angebracht, daneben steht der haltende Helfer, drumherum agiert der Klauenschneider.

Es gibt in unseren Herden Tiere, die das Pediküren praktisch emotionslos über sich ergehen lassen, aber auch jene, die sich selbst nach etlichen Jahren immer noch nicht an die Prozedur gewöhnt haben und so tun, als würden sie jetzt gleich zur Schlachtbank geführt. Gar nicht zu reden von den Jungziegen, denen der Ablauf noch neu und unvertraut ist, die oft ein fürchterliches Rodeo veranstalten. Bei solchen dauert die Arbeit doppelt bis dreifach so lange, weil sie zappeln, austreten und nicht stillhalten wollen.

Auf jeden Fall darf das Bein der Ziege beim Klauenschneiden nie nach vorne hin hochgehoben, sondern muss immer auf natürliche Weise nach hinten angewinkelt werden, um eine Überdehnung der Muskulatur und des Sehnenapparates bei etwaiger Gegenwehr zu vermeiden. Auch sollte man den Ziegenfuß nicht höher als das Ziegenknie drücken – wozu man beim stehend Schneiden leider unbewusst neigt.

Tipp

Unserer Erfahrung nach sollte man am besten zu zweit Klauen schneiden: einer hebt den Fuß an, hält ihn fest und beruhigt die Ziege, der andere schneidet.

Geübte Profis wie unsere Hoftierärztin schneiden mit einem skalpellscharfen Hufmesser frei aus der Hand in einem Zug den überstehenden Klauenrand. Das muss man aber wirklich beherrschen, denn das Verletzungsrisiko für Tier und Mensch ist mit diesem Werkzeug im Vergleich zu einer Schere erheblich größer.

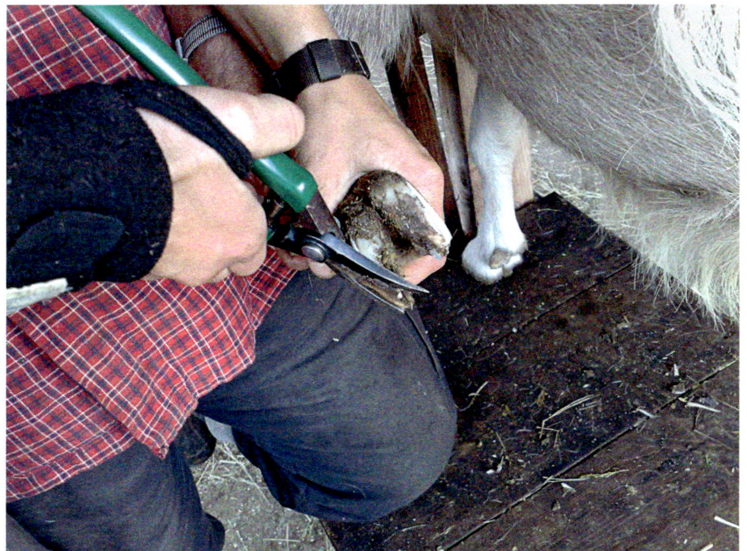

Waschkörbe voller Dankschreiben

Bei der sauber geschnittenen Klaue bietet sich ein Bild, in welchem der Hornrand als Außenbegrenzung das Leben glatt und möglichst ohne Hohlräume umgibt und eine ebene Trittfläche entstanden ist.

Nach dem Schneiden von zweihundertvierzig oder vierhundert Klauen ist Ihr Schulterbereich leicht verkrampft, Ihre Schneidehand tut weh, im Rücken sticht es und Sie gehen vor lauter Knien und Hocken recht verspannt durchs Leben. Ihre Kleider sind mit Blauspray und Hufteer bekleckert und Sie erwarten: Dankbarkeit! Schließlich haben Sie unzählige Tiere vor Schlimmem bewahrt, eingewachsene Steinchen und verwucherte Klauen bereinigt, die Ziegen müssten eigentlich schweben wie auf Daunen, Erleichterung verspüren, Ihnen endlich Ihre wohl verdiente heiße Badewanne gönnen.

Weit gefehlt: Sie müssen jetzt den Ort des Geschehens reinigen, und zwar sofort und gründlich. Alle abgeschnittenen Klauenteile müssen zusammengefegt und entweder verbrannt oder in die Mülltonne gebracht werden. Das ist enorm wichtig, denn sollten irgendwelche bakteriellen Erreger im Abgeschnittenen vorhanden gewesen sein, dürfen sie weder auf Ihrem Hof herumliegen noch von Ihrem Hütehund aufgefressen werden.

Die Ziege muss mindestens drei Beine auf der Erde haben

Berufsklauenschneider, die in der Regel mit großen Schafherden oder Rinderbeständen arbeiten, meinen oft, dass eine Ziege wie ein Schaf hingesetzt oder auf den Rücken gedreht werden könne, um pedikürt zu werden. Das ist ein schlimmer Irrglaube. Denn für Schafe gibt es zwar Apparaturen, mit denen man das Tier in eine Seiten- oder Rückenlage kippen kann, um fix die Klauen zu schneiden.

Versuchen Sie das niemals mit einer Ziege! Schon die erzwungene Sitzposition kann dazu führen, dass die Ziege schockt, kollabiert und nur mit Mühe wieder in ihren Normalzustand gebracht werden kann. Sollte dies passieren, müssen Sie das zusammengebrochene, hyperventilierende Tier sofort auf seine vier Beine stellen und den Brustbereich beklopfen, beruhigend auf es einreden und alle beengenden Stricke oder Fixierungen lockern.

Vermutlich resultiert die Neigung der Ziege zum kompletten Nervenzusammenbruch, der sehr schnell zu einem totalen **Kreislaufkollaps** führen kann, aus der Entwicklungsgeschichte dieser ursprünglich wilden Bergtiere.

Gut zu wissen

Das oberste Gebot der Ziegen musste es immer sein, fest und sicher auf allen vier Füßen zu stehen: an der steilsten Klippe, auf der schmalsten Felskante, am abschüssigsten Hang. Jede Position, in der dieser vierfüßige Halt verloren ging, war gleichbedeutend mit tödlichem Absturz ins Jenseits – und führt bis heute zu Schock und Kollaps.

Das kleine Matterhorn aus Beton

Um die **Klauen** kontinuierlich zu pflegen und damit die Pedikürearbeit geringer zu halten, empfehlen sich unbedingt **Klettersteine** oder Kletterhügel auf den **Koppeln**. Sie werden von allen Ziegen dankbar ange-

Agasha und Trude wissen ihre Klettersteine zu schätzen!

nommen, täglich gibt es gruppenweise unerwartete Wettrennen und Wettspringen zu den Felsen, hinauf und hinunter: Das ist ihre Natur.

Unser Hof liegt zum Glück nahe einem Urstromtal mit eiszeitlichen Endmoränen, wo immer noch sehr große Findlinge auf den Äckern an die Erdoberfläche dringen oder bei Baumaßnahmen ausgebaggert werden. Man kann sie sich anliefern und vom Kranwagen gezielt platzieren lassen.

Diese Riesensteine sind rundgewaschen, haben weder scharfe Kanten noch spitze Ecken, bergen keinerlei Verletzungsgefahren und sehen sehr archaisch, trotzdem aber natürlich und dekorativ aus. Wo man an solche Findlinge nicht herankommen kann, kann man alternativ aus alten Backsteinen, großen Flusskieseln und Beton kleinere Kletterhügel selber kreieren.

Hörnerfett, Striegel und Schere

Zum Kappen der Hornspitzen als vorbeugender Sicherheitsmaßnahme für Mensch und Tier haben wir weiter vorne schon Detailliertes gesagt. Die Pflege der **Hörner** übernehmen die Ziegen meisten selbst, wenn sie genügend Buschwerk und Steine zur Verfügung haben: Sie fegen und glätten das Hornmaterial, dessen äußerste Schicht manchmal bröckelig und rissig wird.

Da wir eine sehr langfellige Ziegenrasse züchten, müssen wir regelmäßig das **Fell** der Tiere striegeln, damit es nicht verfilzt. Dennoch verfilzte Haarsträhnen sollte man ausschneiden, denn in ihnen siedeln sich mit Vorliebe Haarlinge, Milben und andere **Ektoparasiten** an.

Als wir über die **Stallausstattung** berichteten, haben wir Besen und Schrubbpfosten zur Selbstpflege des Felles erwähnt. Je kurzhaariger die Ziegen sind, umso pflegeleichter sind sie in dieser Hinsicht. Aber die hochsommerliche Plage mit **Dasseln** und Dasselbeulen oder **Zecken**befall ist bei kurzhaarigen Tieren logischerweise der Preis dafür. Sie erhalten deshalb vorbeugend im Sommer ein äußerst wirksames, auf Basis von **Nelkenöl** komponiertes Naturheilmittel auf die Widerrist gesprüht, das Dassel- und Zeckenbefall abwehrt (und keine **Wartezeiten** für die Milchverwertung hat, wie andere chemische Präparate).

Etwa sieben bis zehn Tage nach dem **Ablammen** bekommt die Ziegenmutter starke **Nachblutungen**, im Volksmund sagt man: „Der Rost geht ab." Dann waschen wir die Rückfront der Mütter täglich mit nassen Seifentüchern ab, um ein Verkrusten des Blutes im Fell zu verhindern. Vollständig wird dies nicht gelingen. Bei langfelligen Ziegen findet deshalb am Ende ihrer Rostperiode ein Ausstutzen der verklebten Fellbereiche statt. Bis der Sommer kommt, ist alles wieder schön nachgewachsen.

Meister im Verfilzen sind die erwachsenen Böcke: Auch hier hilft nur die extreme Ausstutzung!

Gut zu wissen

Um dem Austrocknen der äußeren Hornschicht in heißen Sommern zu begegnen, massieren wir die Hörner anlässlich des Klauenscheidens dick mit Kokosfett ein. Jedes andere gehärtete Pflanzenfett tut es auch, Kokosfett hat nur den Vorteil, dass es emulsionsartig ist und gut aufgetragen werden kann.

Gut zu wissen

In unseren beiden Ställen sowie allen Unterständen und Bauwagen wohnen sommers genügend Schwalbenkolonien, um mindestens im Innenbereich die Insektenplage klein zu halten. Das sind dann die saisonalen Fremdarbeiter für die Fellgesundheit.

Euterpflege ist eine Selbstverständlichkeit!

Durch das zweimal tägliche **Melken** greift der Mensch wiederum in den natürlichen Lebensprozess der Ziegen ein. Die gehörnten Damen würden normalerweise ihre **Lämmer** bis zu vier, fünf Monate lang immer weniger und weniger säugen. Erst wenn die Kleinen zu groß und stürmisch geworden sind und beim Saugen zu roh an den **Zitzen** zerren, fängt die Mutterziege an, sie abzudrängen, wegzustoßen und von ihnen fortzugehen.

Die Lämmer trinken sehr oft kleine Mengen Milch am Tag und in der Nacht, das **Euter** produziert also kontinuierlich Nachschub. Wenn die Mutterziegen ihre Lämmer entwöhnen und immer seltener trinken lassen, reduziert sich die neu gebildete **Milchmenge** von alleine. Das ist bei milchgebenden Tieren eine Art von Memory-Effekt.

Der Mensch setzt aber die Lämmer spätestens nach drei Monaten von den Müttern ab, wenn diese noch in voller Milchleistung stehen. Dann wird im Abstand von zwölf Stunden gemolken. Dies bleibt allerdings nicht ohne Auswirkungen auf das Euter – eine Schattenseite der Domestikation.

Es entstehen häufig zwei Euterprobleme, die laktierende Ziegen in freier Wildbahn nicht hätten:

- Zum einen sammelt sich verhältnismäßig viel Milch bis zum nächsten Melken an, was zur Reizung und Spannung des Eutergewebes führen kann. Dieses Problem entsteht meistens kurz nach dem **Absetzen** der Lämmer und reguliert sich in ein paar Tagen von selbst.
- Zum anderen gibt es keinen natürlichen Verschluss des Strichkanals nach der Milchentnahme wie durch den Speichel eines Sauglammes. Der **Strichkanal** bleibt bis zu zwei Stunden nach dem Melken geöffnet. Dies öffnet sämtlichen Keimen Tür und Tor. Die Folge sind oft behandlungsintensive **Euterentzündungen** (**Mastitis**) bis hin zum verheerenden **Euterbrand**. Dabei ist die entzündete Euterhälfte durch nichts mehr zu retten, sie wird nekrotisch, schrumpelt schließlich zu einem schwarzen, ledrigen Klumpen zusammen und fällt ab.

Bei Muttern schmeckt’s am besten!

Biologische Pharmazie zur Vorbeugung

Auch hier setzen wir sehr erfolgreich naturheilkundliche Mittel ein: Nach jedem Melkvorgang werden die **Zitzenöffnungen** mit einem Aloe-Vera-Lanolin-Gemisch besprüht, das sofort durch einen pflegen-

Gut zu wissen

Haut und Innenleben dieses Turboorgans reagieren ebenfalls sehr positiv auf alle Kampferpräparate. Hierbei ist leider wegen des strengen Eigengeruchs Vorsicht geboten: Manches Lamm wird dadurch abgeschreckt, bei der Mutter zu trinken, und die Duftmilch aus einem so behandelten Euter eignet sich auch ein, zwei Tage lang nicht zum Verkäsen.

den Film eine wirkungsvolle Barriere gegen die Keime schafft. Seit wir diese Vorbeugemaßnahme konsequent betreiben, hat sich die Mastitisanfälligkeit unserer Milchziegen praktisch gegen Null reduziert.

Bei zu prallem und heißem **Euter** wenden wir ein kühlendes Gel aus Minz- und Arnikaextrakten an, das in Sekundenschnelle die Oberflächentemperatur der Euterhaut herunterkühlt und damit das Gewebe sichtbar entspannt.

Vorbeugende Heilpflanzen

Zum **Entwurmen** der Ziegen setzt man tierärztlich verordnete Mittel aus dem Giftschrank der Pharmaindustrie eigentlich alle halbe Jahr ein. Leider ist damit eine kräftige **Wartezeit** für die Milch verbunden. Wir entwurmen daher mit den chemischen Mitteln nur zu Beginn der **Trockenstehphase**, wenn die trächtigen Damen keine Milch für Käse mehr herstellen müssen.

- Wir sammeln und verfüttern **Rainfarn,** eine an Feldrändern ab Ende des Sommers wild wachsende und auf schwachen Böden reichlich vorkommende Pflanze, die sich sowohl frisch als auch getrocknet wunderbar verabreichen lässt, weil die Ziegen darauf wild sind wie auf eine Droge.
- Als Verwurmungsprävention empfehlen unsere Ziegenkollegen aus der Schweiz monatlich eine Gabe von drei bis vier **Gewürznelken** pro Tier.
- Kurz nach dem **Decken** sind die Damen sehr glücklich, wenn sie reichlich **Tannengrün** bekommen – so reichlich, dass alle weißen Nasen schwarz vom Tannenharz sind. Die Nadelbaum fressende Vergleichsgruppe hatte im Gegensatz zu ihren Kolleginnen ohne Tannenfutter beispielsweise keine Enzymprobleme mit ihrer Milch, als sich zehn bis zwölf Tage nach dem Deckakt ihr Hormonspiegel umstellte.
- **Johanniskraut** kann – ebenfalls frisch oder getrocknet – den einen oder anderen Hysteriker gerade in der Ablammzeit friedlich und beruhigt stimmen, wenn es lang genug vorher verabreicht wird.
- **Eichenrinde,** die sehr stark tanninhaltig ist, dient immer der gesunden Verdauung und schützt bei Futterumstellungen vor **Durchfällen**. Dafür sorgen bei uns schon die ungeschälten Koppelpfosten aus Eichenstämmchen, die nach und nach über die Jahre hinweg bei passendem Anlass von den Tieren abgeschält werden.
- **Kamille** hilft – stark dosiert als gesalzener Tee (1 Teelöffel Salz auf 150 ml Tee) – bei allen Durchfällen und **Magenverstimmungen** sehr schnell und effizient, wenn es sich nicht um eine bakteriologische Erkrankung handelt.
- Gegen Stallparasiten wie Mücken, Stechfliegen, **Milben**, **Zecken** oder Flöhe hilft im Allgemeinen immer reines **Nelkenöl.** Man be-

Kamille (links) bei Durchfällen und unspezifischen Magenverstimmungen, Rainfarn (Mitte) zum natürlichen Entwurmen und Johanniskraut (rechts) zur Stimulation bei Unlust oder Futterverweigerung.

kommt es in der Apotheke konzentriert zu kaufen und kann es nach dem Ausmisten, stark verdünnt (1 Esslöffel auf 10 l Wasser), in die letzte Scheuerrunde des **Stallbodens** und der Stalleinrichtungen geben.

Stallapotheke und Arzneimittelbestandsbuch

Außer den oben erwähnten Mitteln zur Klauenpflege und den später beschriebenen Geburtsutensilien sollte Ihre Stallapotheke immer über folgende Standard- und Hausmittel verfügen, die nach ihrer Anwendung allesamt keine **Wartezeiten** für die Milch haben:

- Wasserlösliche **Acetylsalicylsäuretabletten,** die bei jeder unspezifischen Störung – auch beim Dicken Gesicht – verabreicht werden sollten. Für ausgewachsene Ziegen genügt eine Tablette pro Tag aus, bei Jungtieren erfolgt die Dosierung entsprechend ihrer körperlichen Entwicklung geringer. Acetylsalicylsäure wirkt leicht entzündungshemmend und schmerzstillend und reicht bei Unwohlsein oder leichten Verletzungen oft schon aus, um das betroffene Tier wieder zu normalisieren.
- **Kohletabletten,** die bei auftretenden Durchfällen gemeinsam mit gesalzenem Kamillentee eingegeben werden. Pro Mutterziege benötigt man dann zwei bis drei Tabletten, für Jungziegen und Lämmer entsprechend weniger. Kohletabletten binden Giftstoffe im Darm, die dann vom Körper ausgeschieden werden.

- Ein **Wunddesinfektionsspray (Jod)** muss immer zur Hand sein, ebenso eine Salbe auf Sulfonamid-Basis, falls sich die Wundstelle doch infiziert hat.
- **Neo-Ballistol** dient ebenfalls der Wunddesinfektion, sollte aber nur äußerlich verwendet werden, um keine negativen Auswirkungen auf die Milch haben zu können, denn es enthält intensive ätherische Öle.
- Eine Salbe auf Heparinbasis empfiehlt sich bei allen stumpfen Verletzungen, **Verstauchungen** oder Quetschungen, allerdings muss sie gut einmassiert und etwaige Reste entfernt werden, damit das Tier sie nicht ableckt und innerlich aufnimmt.
- Die Flasche **Kräuterbitter** in unserer Stallapotheke hat schon viele Gäste zum Schmunzeln gebracht. Aber sie waren auf der völlig falschen Fährte. Dieses Hausmittel verdanken wir ebenfalls unserer Hoftierärztin, die es als erste Wahl bei **Appetitlosigkeit** und **Pansenverstimmung** einsetzt. Wir verabreichen 30 ml Kräuterbitter pro Tier und die Erfolgsquote liegt bei etwa 90 %! Wenn das so behandelte Tier jedoch beim nächsten Melkdurchgang immer noch nicht fressen will, muss ein schwereres Geschütz aufgefahren werden:
- Das sirupartige **Hepafort**, basierend auf **Artischockenextrakt** und Vitamin B12, wird oral als kräftiger Schluck verabreicht. Auch damit haben wir rundweg hervorragende Erfahrungen bei Pansenproblemen machen können – es greift schneller und besser als die herkömmlichen Pansenstimulanzien.
- Das Feld der Homöopathie ist hinsichtlich der Tiermedizin leider erst recht dünn bearbeitet. Jedoch setzen wir nach diversen Erprobungen mit viel Erfolg zwei **Bachblütenpräparate** ein: das bewährte „Rescue-Spray“, um schockende Tiere und geburtsbedingt gestresste Ziegenmütter aufzufangen, und die Tropfen „Star of Bethlehem“, die wir den Böcken reichlich ins Trinkwasser träufeln, wenn sie sich nach der Deckzeit wieder in ihrer Junggesellenbude miteinander vertragen sollen.

Wenn jedoch eine schwerere Erkrankung auftritt, die tierärztlich behandelt und medikamentiert wird, müssen Sie genau auf die Wartezeiten achten und den Verordnungsschein des Tierarztes sorgsam aufbewahren. Darauf sind sowohl Art, Dauer und Umfang der Medikation als auch genaue Zuordnung zum jeweiligen Patienten und die entsprechende Wartezeit vermerkt.

Wichtig: das Arzneimittelbestandsbuch

Als Produzent tierischer Erzeugnisse sind Sie gesetzlich dazu verpflichtet, ein Arzneimittelbestandsbuch zu führen, In welches Sie die Daten des Verordnungsscheins übertragen müssen. Das Bestandsbuch muss fortlaufend und vollständig geführt und dem Amtstierarzt jederzeit vorgelegt werden können.

Ziegenpsychologie

„Die Ziege ist in den Weinberg gesprungen – also wird auch ihre Tochter hineinspringen."
(Französisches Sprichwort)

Ziegen sind die ersten Wiederkäuer, die nachweislich vom Menschen vor mehr als zehntausend Jahren domestiziert wurden. Die **Zuchtwahl** fand wahrscheinlich – ähnlich wie beim Hund – in erster Linie nach dem Kriterium der Zutraulichkeit statt. Denn eine angeborene Scheu und die daraus resultierende Aggressivität mussten so schwach wie möglich ausgeprägt sein, um ein vertretbares Miteinander zu gewährleisten.

Biologen und fachübergreifende Forscher an Instituten für experimentelle und vergleichende Psychologie setzen sich verstärkt mit der Definition von Intelligenz und Geistesleistung bei unseren tierischen Mitlebewesen auseinander. Ihre Studien befassen sich vor allem mit unseren nächsten Verwandten, den Primaten, aber inzwischen auch gleichrangig mit Ziegen und Hunden. Diese Tiere sind zumindest rudimentär zu sozialer Kognition und Interaktion mit dem Menschen fähig, können menschliche Gesten verstehen und Sprachlaute deuten. Es wird angenommen, dass besonders diese Verhaltensweisen ein Produkt aus der Domestikation und dem jeweils vorhandenen Grad an Intelligenz der entsprechenden Tierart sind.

Gut zu wissen

Ziegen sind äußerst intelligente Nutztiere. Sie verstehen Zeichen und Gesten des Menschen, sie lernen einen aus menschlichen Lauten geformten Namen und auch, ihn individuell auf sich zu beziehen. Beim täglichen Umgang mit Ziegen können Sie alle diese Eigenschaften und Fähigkeiten erfahren und für sich und Ihre Arbeit nutzen.

Neugier und Lernfähigkeit

Ziegen sind enorm neugierig, wollen alles Unbekannte anschauen, kennenlernen und genau untersuchen. Als Werkzeuge setzen sie ihre Hörner ein, denn sie können nicht greifen und zupacken. Ziegen lernen ganz klar aus eigener Erfahrung und in der Herde auch voneinander, sie erkennen wiederkehrende Abläufe und genauso schnell deren Abänderung. Die weiblichen Tiere verfügen über eine bemerkenswerte soziale Kompetenz untereinander, die vor allem während der Lammzeit augenfällig wird.

Bonnie hat kein Talent für einen Alpha-Job in der Herde …

Herdenhierarchie und Karriereleiter

Eine Ziegenherde wird nicht vom imposanten Bock geführt, sondern ganz matriarchalisch von der ranghöchsten **Leitziege**. Die Chefin ist nicht immer das älteste oder erfahrenste Mitglied der Truppe, auch nicht das körperlich überlegene, sondern recht offenkundig das intelligenteste. Hierarchische Strukturen bei in Gruppen lebenden Tieren reichen mit Sicherheit weit zurück in die Zeit lange vor der Domestikation. Und sie haben sich wahrscheinlich deshalb wenig verändert, weil auch der menschliche Hirte immer von guter Herdenorganisation profitiert.

Die Leitziege muss belastbar und körperlich fit sein, denn sie hält praktisch nonstop Wache und muss drohende Gefahr jederzeit in das Signal zur **Herdenflucht** umsetzen können. Sie führt die Herde zu guten Futterplätzen und Wasser, sie greift erzieherisch in **Herdenauseinandersetzungen** ein. Selbst der Bock lässt ihr meistens den Vortritt. Natürlich darf die Chefin zuerst fressen und saufen, sich den besten Ruheplatz aussuchen und ihre Prinzchen und Prinzessinnen von Sauglämmern haben absolute Narrenfreiheit, selbst gegenüber ausgewachsenen Tieren.

Gut zu wissen

Die Leitziege wird auch uns Menschen gegenüber ihr Recht durchsetzen, als Erste auf den Melkstand mit der Kraftfutterschale zu kommen.

Gruppendynamik

Der Führungsjob der Leitziege ist nicht festgemauert, er wird jedes Jahr nach dem Ablammen neu zur Disposition gestellt. Alle Mütter fühlen sich durch ihre Lämmer sehr selbstbewusst und gestärkt. Die eine oder andere aus der Alpha-Gruppe nimmt dies zum Anlass, die bisherige Chefin herauszufordern. Diese muss sich der Sache stellen, also wird es heftig und tagelang Krachen, bis die Angelegenheit so oder so entschieden ist.

Bei einem **Führungswechsel** wird die Exchefin ihre Nachfolgerin während der nächsten Wochen sehr genau beobachten und jede Schwäche ausnutzen, um ihre Position womöglich zurückzubekommen. Kann sich die Neue aber halten, wird ihre Vorgängerin den Platz als Erster Offizier, eine Hierarchiestufe darunter, einnehmen. Sie vertritt die Chefin, wenn diese zum Beispiel erkrankt und ihre Pflichten zeitweise nicht erfüllen kann. Ist sie wieder auf dem Damm, tritt die Vertreterin kampflos in ihre untergeordnete Position zurück.

Unterhalb des Ersten Offiziers gibt es eine intern gleichberechtigt starke **Alpha-Gruppe**, die sich – außer während der einmal jährlichen Karrierediskussion – nicht mit der Leitziege und ihrer Vertreterin anlegen, wohl aber gemeinsam die gesamte restliche, schwächere **Beta-Gruppe** in Schach halten und dominieren.

Gut zu wissen

Die Gruppenzugehörigkeit hat viel mit Alter, Erfahrung und körperlicher Stärke zu tun, aber auch mit Frechheit und Selbstbewusstsein. So kann eine quirlige, schlaue Jungziege schon nach dem ersten Ablammen in die Alpha-Gruppe aufrücken, eine starke, aber behäbige Altziege dagegen lebenslang im niedrigsten Bereich bleiben.

Freundschaft und soziale Kompetenz

Mit den beschriebenen vier Ebenen der Herdenhierarchie: Leitziege, Erster Offizier, Alpha-Gruppe und Beta-Gruppe ist die horizontale Gruppenaufteilung beschrieben. Es gibt auch vertikale Beziehungen, die zwar innerhalb des Herdengefüges hierarchisch getrennt bleiben, zwischen den Einzeltieren unterschiedlicher Ebenen dennoch durchaus gleichberechtigt funktionieren und zu beobachten sind.

Bleibende Beziehungen zwischen Ziegendamen

Wir finden die im jeweiligen Geburtsjahrgang seltenen, doch aber immer wieder auftretenden lebenslänglichen **Mütter-Töchter-Bindungen** in Form enger Freundschaften. Bei den meisten Ziegenmüttern wird nach dem Absetzen der **Lämmer** und der vom Menschen herbeigeführten Trennung eine relativ kurze Phase des intensiven Trennungsschmerzes mit Klagen, Rufen und vergeblichem Locken der Kinder eintreten. Treffen diese Mütter später wieder auf ihre halb erwachsenen Töchter, gibt es zumeist scheinbar kein Wiedererkennen, der eigene Nachwuchs wird genauso interessiert oder desinteressiert bewertet wie ein beliebiges anderes Herdenmitglied.

In den Ausnahmefällen hingegen ist das Wiedersehen geradezu herzzerreißend: Mutter und Tochter beriechen sich eingehend, erkennen sich ganz offensichtlich, tauschen kleine Zärtlichkeiten aus und kuscheln beim Ausruhen und Wiederkäuen dicht zusammen. Dabei spielt es keine Rolle, ob die Mutter zu den Alpha-Ziegen gehört und ihre Tochter sich noch im untersten Hierarchiebereich bewegen muss. Wir haben mehrere solcher Bindungen beobachtet, während beide Tiere in getrennten, aber mit einem dazwischenliegenden Mistgang optisch überblickbaren Bereichen zum Ablammen standen.

Jungziege Lola lammte zum ersten Mal, war äußerst aufgeregt und unsicher, meckerte und blökte, rief praktisch um Hilfe. Ihre Mutter Aura im anderen Stallbereich war sofort alarmiert, versuchte vergebens zu ihrer lammenden Tochter zu kommen, stellte sich am Boxenzaun auf und beobachtete ganz genau (ebenfalls leise meckernd) was sich auf der anderen, für sie unerreichbaren Seite, mit ihrer Tochter abspielte. Die Mutter wollte helfen und versuchte nun, ihre lammende, verzweifelte Tochter mit kleinen Mutter-Kind-Meckertönen wenigstens von Ferne zu beruhigen.

Auch können sich gelegentlich enge Freundschaften zwischen Ziegen aus verschiedenen Hierarchieebenen oder zwischen Geschwistern entwickeln.

Ein Beispiel dazu haben wir mit zwei der allerersten Ziegen aus unserer Stammherde erlebt, als die kinderlose Altziege Lutzi ein mutterloses Mädchenlamm praktisch adoptierte und unter ihren persönlichen Schutz stellte. Aus dieser Patenschaft entwickelte sich eine lang währende, enge Freundschaft, obwohl aus dem Mädchenlamm unsere stolze, immer noch aktuelle Leitziege Amanda geworden ist und ihre behäbige und langsame Patentante Lutzi weiterhin nur zu den Beta-Ziegen gehörte. Schulter an Schulter mit ihrer Ziehtochter durfte es

Innige Schwesternliebe: Donner und Doria.

Erin, Astra und Rieke – Beta-Ziegen sind immer vorsichtig.

sich Lutzi erlauben, mit den Alpha-Ziegen zu fressen, neben der Leitziege auszuruhen, sogar Lämmer anderer Beta-Ziegen zu verscheuchen. Ging unsere Leitziege allerdings anderweitig ihren Pflichten nach, war Lutzi auf ihren niedrigen Rang gebannt und musste sich entsprechend verhalten, wollte sie nicht Prügel beziehen.

Ähnliches haben wir bei Zwillingsmädchen beobachtet. Die eine, Donner, rückte schneller in eine höhere Position auf als ihre Schwester Doria. In ihrer Freizeit jedoch, jenseits hierarchischer Vorgaben und herdenöffentlicher Auftritte oder Auseinandersetzungen, waren die beiden weiterhin ein Herz und eine Seele.

In der Not sind alle Ziegen gleich

Die soziale Kompetenz der gehörnten Damen zeigt sich vor allem in Ausnahmesituationen, wo jedes Gerangel um Karriere und Positionierung für das Einzeltier und die Herde als Ganzes nicht sinnvoll sind. Ganz deutlich zeigt sich dies beim **Ablammen**, welches wir inzwischen beruhigt mitten im Großraumstall geschehen lassen. Denn egal in welcher Stufe der Herdenhierarchie das lammende Muttertier ist: Alle anderen Ziegen werden sich in der am weitesten entfernten Ecke still zusammendrängen, sich ausnahmsweise nicht gegeneinander beweisen, sondern ruhig ausharren, bis die Geburt über die Bühne gegangen ist.

Bei plötzlich hereinbrechenden Unwettern, wenn die Draußenwelt unterzugehen scheint und alle Ziegen gleichzeitig in heilloser Flucht vor den Blitz-, Hagel- und Donnergöttern sind, ist, angeführt von der **Leitziege**, auf einmal Platz genug für alle im Unterstand, ohne jegliches Hauen und Stechen. Geht es aber lediglich um ein schattiges und bequemes Mittagsschlafplätzchen, setzen sich sofort die Hierarchiewertigkeiten durch, die Beta-Ziegen müssen natürlich draußen bleiben. Drinnen können sich nur die Leitziege, ihr Erster Offizier und mit Müh und Not noch ein paar Alpha-Ziegen breit machen.

Tritt gar ein ernst zu nehmendes **Raubtier** auf den Plan – wie ein Fuchs oder ein bislang unbekannter Hund – wird die Leitziege umgehend dafür sorgen, dass sämtliche Damen ihrer Herde sich kreisförmig mit gesenkten Hörnern nach außen um die Lämmer herum aufstellen: quasi Gewehr im Anschlag, ohne Ansehen der Gruppenzugehörigkeit und völlig ohne Ausgrenzungen, als entschlossene Gruppe solidarisch dem potenziell gefährlichen Feind gegenüber. Doch schlägt unsere Leitziege Amanda – die geborene Hundehasserin – wieder einmal wegen

Gut zu wissen

Ein lammendes Muttertier ist für die anderen Ziegen gänzlich unangreifbar, es wird nicht bedrängt. Im Gegenteil: Alle schaffen Platz, damit die werdende Mutter sich während der Geburt frei bewegen und sich die passende Stelle im Stall als Kreißraum wieder und wieder und nochmals unbehindert aussuchen kann.

unserer Hütehunde Robin, Laika oder Bonnie Alarm, winken die anderen gehörnten Damen müde ab: Das ist ein persönliches Problem und gilt nicht für die ganze Herde ...

Kommunikationsweisen: Nur die unzufriedene Ziege meckert

Ziegen teilen sich untereinander und auch dem Menschen vor allem durch Körpersprache mit. Aber sie besitzen auch ein Vokabular akustischer Signale, die gegebenenfalls eingesetzt werden. Die allgemein sprechende – also meckernde – Ziege ist die Ausnahme und in diesem Fall immer unzufrieden: irgendetwas geht ihr völlig gegen den Strich. Entweder dauert ihr die Zeit bis zum Melken zu lange oder sie musste ihren angestammten Schlafplatz an ein höherstehendes Tier abtreten, das Futter schmeckt nicht richtig oder sie mag nicht mehr im Nieselregen stehen, gar womöglich alleine im Stall auf die Tierärztin warten. Dann meckert sie quengelnd vor sich hin. Sonst nicht.

Akustische Ausdrucksweisen der Ziegen

Ziegenmütter hingegen entwickeln einen sehr individuellen leisen **Lämmerlockruf**, der fast melodiös klingt und auch ein klares Indiz für den unmittelbar bevorstehenden Geburtsvorgang ist. Dieses kleine und sehr individuelle Geräusch macht die lammende Ziege direkt vor, während und nach der **Geburt** unentwegt, die **Lämmer** werden beim Eintritt in ihr Erdenleben und beim ersten Sauberlecken durch die Mutter davon begleitet. Sie erkennen diesen Lockruf auch untrüglich, wenn es längst ein vollkommen unübersichtliches und turbulentes Durcheinander von Ziegenmüttern und herumtollenden Lämmern im Stall und auf der Koppel gibt.

Kehren etwa die dreißig Ziegenmütter von der morgendlichen Fütterung und Euterkontrolle auf dem Melkstand zurück in den Stall, wo rund sechzig Lämmerkinder auf sie warten, beginnt sogleich ein kakophonisches Konzert vielstimmiger Lockrufe. Binnen weniger Minuten hat jedes Lamm seine Mutter gefunden, alle Wesen sind richtig sortiert und es kehrt Ruhe ein.

Jammernde **Klagelaute** können die Ziegen bei Schmerz, Verlust des abgesetzten Lammes und in scheinbar ausweglosen Situationen – wenn sie sich irgendwo verheddert haben – laut und markerschütternd von sich geben. So schlimm, dass selbst die

Melissa quengelt, weil sie alleine ist.

Amanda muss sich wichtig machen!

Hunde zu heulen anfangen. Ansonsten gibt es noch einen drohenden, knurrenden **Kehllaut** seitens des ranghöheren Tieres, wenn ein rangniedrigeres ihm irgendein Privileg – wie das des Zuerstfressens – streitig machen will.

Ziegendamen rufen mit kurzen Meckerern nach dem Bock, wenn sie brünstig sind. Die Böcke haben ein ausgeprägteres und differenzierteres Werbungs- und **Brunstvokabular** von merkwürdigem Schnarren und Schmatzen über leises Röhren, sonderbarem Flöten und Grunzen bis hin zu einsilbigen Schnalzlauten, die die Damen betören und den Konkurrenten beeindrucken sollen – was in jedem Fall auch eintrifft.

In der restlichen Zeit äußern sich Böcke akustisch eher selten.

Wedelfreude, Ohrenspiel, Hörner- und Hufsignale

Die Körpersprache der Ziegen ist wesentlich vielseitiger. Ein wichtiges Indiz für Freude und positive Aufregung ist das schnelle **Schwanzwedeln.** Die Sauglämmer zeigen es von Anfang an beim Milchtrinken am **Euter** – und ebenfalls wenn sie Fläschchen bekommen. Die erwachsenen Ziegen wedeln weiterhin bei leckeren Futtergaben und wenn sie in Paarungsstimmung sind, beim Erscheinen des Deckbockes. Dieser wedelt während der **Brunst** wie verrückt angesichts der begehrten Damen. Und allesamt wedeln vor Freude, wenn nach langen, langweiligen Regentagen im Stall wieder die Sonne scheint und alle hinaus auf die Koppeln können.

Mit der **Ohrhaltung** sagen uns die Ziegen ebenfalls viel. Schließlich verfügen sie über zwölf Muskeln zum Bewegen der Ohrmuschel: einen Niederzieher, zwei Auswärtszieher, drei Heber, vier Einwärtszieher, einen Dreher und einen Aufrichter. Damit sind sehr viele feine Variationen im Ausdruckspiel möglich:

- Werden die Ohren flach zurückgelegt, ist das Tier argwöhnisch bis aggressiv.
- Stehen sie senkrecht hoch, ist alles in Ordnung.
- Im Ruhezustand bei angenehmem Nichtstun hängen die Ohren schlapp nach seitwärts.
- Fühlt das Tier sich nicht wohl oder ist krank, lässt es die Ohren richtig hängen.
- Sind sie mit den Muscheln direkt nach vorne gerichtet, ist die Ziege erwartungsvoll und neugierig gespannt: Sie will unbedingt wissen, was los ist.

Die Ziegenmitteilungen über die Hörner wie Hörnersenken und -drängen haben wir schon beschrieben. Sie sind deutlich und werden von den Herdenmitgliedern immer sofort als **Drohgebärde** beherzigt, außer jemand legt es auf ein Kräftemessen tatsächlich an.

Böcke und Leitziegen werden im schlimmsten und seltensten Fall dramatisch mit den Vorderläufen **aufstampfen** und trommeln, um sich den bis dato nicht erwiesenen Respekt unbedingt auf der Stelle zu verschaffen. Dies ist dann aber schon das äußerste Signal direkt vor einem ernsthaften Angriff.

Ziegen auf den Hinterbeinen

Um vollends zu imponieren, steigen die Ziegen – sowohl die Damen als auch die Kavaliere – auf die Hinterbeine. Sie bäumen sich auf, verdrehen ihren gesamten Körper seitlich mit gestrecktem Hals und senkrecht gehaltenem Kopf, die Hörner nach vorne präsentierend, lassen sich krachend auf die Vorderläufe fallen, bäumen wieder und wieder. Entweder geht das jeweilige Gegenüber mit gleicher Gestik darauf ein, was zum Hörnerkrachen führt, oder es verzieht sich.

Da die Böcke während der **Deckzeit** solche Imponierposen auch ihren menschlichen Betreuern gegenüber einnehmen, ist hier Vorsicht geboten: Wenn achtzig oder mehr Kilogramm Lebendgewicht auf zwei Beinen über Ihnen steht, kann eine falsche Reaktion gefährlich werden.

Kaspar will unbedingt Joker imponieren.

Mit einem imponierenden Bock umgehen

Niemals Angst zeigen oder wegrennen: Der Bock wird es jetzt erst recht mit Ihnen messen wollen, das ist sein Programm. Er setzt Ihnen nach, drängt Sie gegen den Zaun oder die Wand. Am besten, Sie haben Ihren Koppelhund dabei, der sich zwischen Sie und den Bock stellt. Ansonsten gilt es, beherzt nach dem Halsriemen des Bockes (oder auch notfalls nach seinen Hörnern) zu greifen und ihn wieder auf seine vier Beine zu zwingen. Das beschämt seinen männlichen Ehrgeiz meistens zur Genüge und die Situation ist entschärft.

Ein überraschendes lautes Anbrüllen kann ebenfalls Wunder wirken – unsere Tiere kennen das sonst nicht und reagieren darauf mit einem gesunden Erschrecken, das sie sofort stoppt und innehalten lässt.

Ziegen und Menschensignale

Ziegen sind dazu in der Lage, menschliche Kommunikationsaufnahme in Form akustischer und anderer Signale mindestens rudimentär zu erfassen und umzusetzen. Wissenschaftler erforschen dies mit komplizierten, aufwendigen und ausgeklügelten Verfahren. Fragen Sie aber schlicht und einfach die Tuwa-Nomaden in der Mongolei, die seit Tausenden von Jahren Ziegen, Kamele und Pferde in fast frei lebenden Herden halten, die Inuit als traditionelle Rentier- und Ziegenzüchter, oder die Nuba aus Nordafrika mit ihren Rinder- und Ziegenherden: Sie alle werden die Kommunikation zwischen Mensch und Ziege bestätigen, aus eigener Erfahrung und aus jahrhundertealter Überlieferung.

Diese Ziegenhalter und -züchter werden Ihnen noch eines dazu sagen: dass niemand von ihnen jemals mit den Tieren arbeitet, ohne mit ihnen zu sprechen oder mindestens bei der Arbeit mit ihnen zu singen. Und natürlich; die Tiere anzufassen, zu beklopfen, zu streicheln. Stumm und ohne Berührungen gehen inzwischen nur wir aus den westlichen Industrienationen mit unseren Nutztieren um. Und damit verpassen wir viel von dem, was wir eigentlich erfahren könnten.

Ziegen begreifen auch menschliche Körpersignale: Sie verstehen den Wink mit dem Finger und achten intensiv auf Handzeichen.

Sprechen Sie mit Ihren Tieren

Niemand kann einen Hund ausbilden oder trainieren, ohne zu ihm zu sprechen. Der Hund erlernt auf diese Weise die Bedeutungen menschlicher akustischer **Lautbefehle**. Wenn er sie versteht, wird er gelobt und bekommt eine **Belohnung**, er wird gestreichelt. Das prägt sich ihm als positive Verstärkung und richtiges Verhalten ein.

Genauso ist es bei Ziegen. Wie soll eine Ziege herausfinden, dass genau sie mit dem Namen Samantha gemeint und gerufen ist, wenn Sie nicht immer wieder diesen Namen bei allen Arbeitsabläufen im Zusammenhang mit dem Tier laut aussprechen und ihr die Seite klopfen?

Die gehörnten Damen lernen ihren eigenen Namen sehr schnell und vergessen ihn nie – wenn sie auch nicht immer in der Stimmung sind, auf ihn zu hören. Sie lernen noch viel mehr, wenn wir sie fordern und unterstützen.

Kommt es dennoch zu Missverständnissen, liegt das im seltensten Fall an der prinzipiell beflissenen Ziege. Am seltsamsten kommen wir uns manchmal vor, wenn bei der Kreuzkommunikation zwischen Hütehund, Katze, Ziegenherde und Mensch die Verständigung unter den Tieren verschiedener Arten offenbar viel besser und klarer funktioniert als die mit uns, der vermeintlichen Krone der Schöpfung ...

Gut zu wissen

Wir haben erfahren können, dass die Ziegen am meisten lernen, wenn der Mensch sich wirklich intensiv und sprechend mit ihnen beschäftigt, sie streichelt und klopft. Sie sind interessiert und aufmerksam und bemühen sich, das Richtige zu tun.

Neugier kontra Langeweile

Der Grund für das Interesse der Ziege am Erlernen menschlicher und generell artübergreifender Kommunikation mag wiederum in der domestizierten Haltungsform liegen: Die Tiere leiden letztlich unter einem Mangel an Außenreizen, die bei der frei lebenden Ziege ständig und auch in gefährlichen oder lebensbedrohlichen Formen an der Tagesordnung sind.

Dieses Defizit setzt im Hirn geräumigen Arbeitsspeicher frei, der nunmehr für andere Informationsbewältigungen genutzt werden kann und will, damit das Leben nicht öde wird. Niemand unter den Lebewesen hat Lust darauf, andauernd nur im Stand-by-Modus vor sich hinzudämmern, wenn die eigenen Kapazitäten für weit mehr ausreichen und spannend genutzt werden können. Die Entstehung von Neugier und Wissenwollen: per aspera ad astra. Auch bei den Ziegen!

Erfahrungsaufbau und praktische Lernfähigkeit

Bei unseren Herdenältesten konnten wir beobachten, dass diese auch bei vielfachem Umstellen von Koppel zu Koppel dennoch immer genau wissen, wie die Treibgänge zum jeweiligen Stall und dem dazugehörigen Melkstand zu bewältigen sind. Jungziegen orientieren sich an den erfahreneren Damen.

Doch haben auch die Älteren längst herausbekommen, wie bestimmte Tore und Verschläge zu öffnen sind. Unsere schöne Leitziege

Gut zu wissen

Wenn auch nur eine einzige Ihrer Ziegen einen technischen Vorgang verstanden und erfolgreich umgesetzt hat, werden es ihr die anderen nachtun.

Amanda hat sogar begriffen, wie sie einen großen Karabinerhaken selbstständig öffnen kann. Die anderen gucken genau zu, probieren es mit viel Geduld dann selbst und finden den Trick früher oder später auch heraus.

Hat also eine Ziege das Koppeltor geöffnet, ist es sinnlos, es einfach wieder zuzumachen. Sie müssen auf der Stelle einen neuen, raffinierteren Mechanismus anbauen, sonst ist Ihr Garten in kürzester Zeit von frei laufenden Ziegen bevölkert. Aber auch diesen werden die Ziegen mit Sicherheit über kurz oder lang öffnen können und Sie sollten sich schon einmal über die nächste Schließmöglichkeit Gedanken machen.

Die guten Hirten

Gut zu wissen

Eine Ziege, die Sie in einem für das Tier schmerzhaften Prozess aus einer für sie unlösbaren Situation befreit haben, wird Ihnen immer dankbar bleiben. Das ist einer der stärksten Beweise für die angeborene soziale Kompetenz dieser Wesen.

Sehr positiv ist die Erfahrung, dass die Ziegen ihre Hirten annehmen und respektieren. Sie begreifen, wann Hilfe gegeben wird und verhalten sich dementsprechend. Sollten die Ziegen sich in schwerwiegenden körperlichen **Ausnahmesituationen** befinden und Sie oder der Tierarzt verschaffen ihnen dabei Linderung, werden sich die Damen und Herren nicht nur willig behandeln lassen, sondern den gesamten Rettungsprozess mit Freundlichkeit und Hingabe quittieren.

Wir konnten dies bei wirklich übermäßig scheuen und argwöhnischen Ziegen erleben, denen wir bei sehr schwierigen Lammungen beigestanden haben. Nicht nur haben sie ihre Scheu von einem Moment auf den anderen abgelegt, sondern sie räumten uns nachher eine Vorzugsrolle beim Lämmerkraulen und Melken ein, die davor völlig undenkbar gewesen wäre.

Gegenseitiges Verstehen

Die Ziege wird auf jeden Fall menschliche Laute wie Namen oder Anweisungen („Geh!“, „Bleib!“, „Ist gut!“ und Ähnliches) deuten und befolgen. Unser tägliches „Guten Morgen, die Damen!“ im Stall bringt eine ganze schlummernde Herde zum Aufwachen und Aufstehen, Gähnen und Strecken, damit der Melkreigen beginnen kann.

Umgekehrt müssen Sie immer bedenken, dass die Ziege ein geborenes **Fluchttier** ist. Jede schemenhafte Bewegung von hinten oder seitlich aus dem Augenwinkel wird es nur als **Fluchtauslöser** registrieren. Sie müssen lernen, wie ein Hütehund zu arbeiten:

- Wollen Sie die Ziegen **treiben**, dann kommen Sie von hinten.
- Eine rennende oder flüchtende Ziege anzuhalten oder **einzufangen**, bedarf der Annäherung von vorne. Und zwar so: Wollen Sie das Tier zu fassen bekommen, machen Sie einen halbkreisförmigen, großzügigen Bogen um die Ziege, sodass Sie sich am Bogenende auf jeden Fall vor dem Tier befinden. Dann bleibt es stehen. Sie können es am Halsband fassen und wegführen.

Die schöne Esmée muss Ziegenfreundin Frederike küssen.

Das Nervenkostüm: höchst empfindsam oder wie breite Bandnudeln

Wir hatten in unseren Herden eine – zum Glück einzelne – von Anfang an als überargwöhnisch bis hysterisch zu bezeichnende Linie: Entsetzlich schreckhafte Ziegen, die von der eigentlich wachhabenden **Leitziege** gar nicht mehr ernst genommen wurden, wenn sie aus heiterem Himmel die friedliche Mittagsruhe abbrachen und in wilder Panik auf der Flucht vor imaginären Todfeinden ans andere Koppelende stürzten.

Dort beruhigten sie sich wieder, weil es ihnen niemand nachgetan hatte, die Leitziege und ihr Erster Offizier friedlich im Baumschatten wiederkäuten, ruhig und entspannt beobachtet vom gesamten Rest der Herde. Dann kamen die Hysteriker wieder zurück, legten sich beim Rest der Truppe hin und taten, als sei nichts gewesen. Es waren auch die Tiere, die am ehesten schockten und ein riesiges Theater beim Ablammen, bei der Bonitur oder bei der Tierarztvisite veranstalteten.

Imitiert und im Blut

Als Züchter ist es Ihnen möglich, die betreffenden **Abstammungslinien** und die dazu gehörigen Charaktermerkmale genau zu verfolgen. Aus unserer mit solch sensiblen Nerven ausgestatteten Aura-Luna-Linie sind durchwegs alle Nachfahren ähnlich anstrengend geraten. Das hat in letzter Konsequenz zu der Entscheidung geführt, diese gesamte Sippe aus dem Verkehr zu ziehen und aus den Herden zu selektieren, um

Gut zu wissen

Nur sechs hysterische Ziegen, die beim zweimaligen Melken am Tag kontinuierlich auch nur fünf Minuten Ärger machen, kosten Sie am Tag eine satte Stunde Mehrarbeit …

Solange Sie sich Respekt beim brünstigen Bock verschaffen können, ist alles in Ordnung!

eine vernünftige Arbeitsruhe und Zeitökonomie für alle Beteiligten mit und ohne Hörner zurück zu gewinnen.

Nicht nur die Lämmer, die ihre hysterischen Mütter immerzu bei deren aufgeregtem Tun direkt und hautnah erleben und somit imitieren konnten, sondern auch Lämmer von eben diesen Müttern, die wir getrennt von der Familie mit Fläschchen großziehen mussten, entwickelten dasselbe überspannte Verhalten. Ergo kann es sich dabei nicht nur um imitierendes Verhalten handeln – da spielt unbedingt auch angeborene **Disposition** eine tragende Rolle.

Dasselbe gilt für im umgekehrten Fall: Unsere Lutzi-Luise-Linie zeichnet sich in allen bisherigen Generationen durch ewige Geduld, übertriebene Sturheit allen Lebenslagen gegenüber und sehr gründliches, wie auch oft viel zu langes Überlegen aus.

Wir vermuten, dass es eine Grundvererbung für bestimmte **Wesensmerkmale** gibt, die durch die hinzukommende **Imitation** des mütterlichen Verhaltens verstärkt werden. Fällt dieses weg, bleibt dennoch entweder eine übernervöse oder extrem sture Veranlagung, die das Tier im eigenen Leben nach und nach zu derselben Qualität aufbauen kann und wird, die seine Mutter oder Uroma schon besaß.

Deck- und Lammzeiten

„Die Ziegen scheuen nicht den stinkenden Geißbock – er ist einmal im Jahr ihr allerhöchstes Ziel.“ (Estnischer Spruch)

Die **Deckzeit** ist sehr saisonabhängig. Je ursprünglicher die Ziegenrasse ist, desto saisonaler: Unsere Toggenburger sind ab Ende Juli bis Ende August – die Nachläufer bis Mitte September – bockig.

Da die Ziege fünf Monate am Lamm trägt, liegt die **Ablammzeit** im Winter, von Ende Dezember bis Ende Januar. Darin versteckt sich ein tiefer Sinn, den wir anfangs nicht verstanden haben. Man fragt sich: Warum kommen diese kleinen, frierenden, zarten **Lämmer** in der kältesten Jahreszeit zur Welt? Aber wenn Ihre Ziegen jemals mitten im Hochsommer Lämmer bekommen haben, dann wissen Sie, warum. Im Winter gibt es praktisch keinerlei **Ektoparasiten**, keine Schmeißfliegen, keine Stechmücken, keine überbordenden Mengen an koliformen Keimen, die sich in der Wärme wie verrückt vermehren und zu Krankheiten und letztlich auch zum körperlichen Totalzusammenbruch der Lämmer und der Mutterziegen führen können.

Gut zu wissen

Das Lammen im Winter hat seinen Sinn, auch wenn es für Sie bedeutet: immer die dicken Stiefel an und aus, immer die Daunenweste an und aus, immer in die Kälte hinaus und zurück ins Warme, mehrmals in der Nacht, andauernd am Tage.

Die Herren bitte nur im Spätsommer

Die gehörnten Kavaliere sind immer zeugungsfähig. Sie sind aber nicht dauernd in der Vollbrunst – diese Phase liegt in den letzten Sommermonaten.

Aus Gründen der artgerechten Tierhaltung – nach unserer eigenen, erweiterten Extremversion – hatten wir am Anfang unseres Milchziegenhofes die beiden Zuchtböcke rund ums Jahr mit den Ziegenherden laufen lassen. Das sieht ja auch sehr hübsch aus. Es war zunächst kein Problem, bis zum dritten Jahr ...

Plötzliches nachgeburtliches Flushing

Dann trat ein äußerst seltenes Phänomen auf, wegen dem die Landestierzuchtkommission sogar zu uns auf den Hof kam: Sofort nach dem

Magnus bewacht seine beiden Lieblingsdamen: Daisy und Tessa.

winterlichen **Ablammen** gerieten von uns unbemerkt offenbar achtzig Prozent der gehörnten Damen in eine kurze Phase eines Hormonschubs – dem **Flushing**, einer stillen Brunst. Sie wurden, ohne den dazugehörigen großen Zauber, vollkommen unauffällig vom jeweiligen Bock gedeckt (im Februar) und lammten mitten im Hochsommer, für uns völlig unvorbereitet, zum zweiten Mal ab.

- Wir mussten die **Milchleistungskontrolle** abbrechen, die Damen entwickelten keine eigene Trockenstehphase und somit auch nicht die notwendige Biestmilch für ihre Lämmer.
- Die Lütten waren allesamt furchtbar winzig, völlig **unterversorgt**, da ihre Mütter einfach durchlaktierten. Selbst mit Biestmilchersatz konnten wir nur dreißig Prozent der **Lämmer** am Leben erhalten. Eine Katastrophe.
- Von den Muttertieren erlitten zwei sofort einen schweren Zusammenbruch des Stoffwechsels, eine **Ketose**. Dazu war alles von Fliegen und Maden besetzt. So etwas möchte man nie wieder erleben.

Ein plötzliches hormonales Flushing kann überall immer wieder auftreten, meistens betrifft es nur Einzeltiere. Nur: Wenn es mit fast allen passiert – und Sie haben es mit Ziegen zu tun – kann es immer wieder geschehen.

Abstinenzkoppeln für die Herren – die sichere Bank

Da es bei uns die Mehrheit der Damen befallen hatte und ein gleichzeitiges Lammgeschehen mit Melken und Käsen rein hygienisch betrachtet auch nur schwer zu bewerkstelligen ist (obwohl wir das inzwischen mit unseren **Durchmelkerinnen** jedes Jahr haben und uns daran gewöhnen konnten, mehrfach täglich die gesamte Kleidung zu wechseln ...), haben wir jetzt die Herren sicherheitshalber von Oktober bis zum nächsten normalen Brunstgeschehen im darauf folgenden August auf eine Sonderkoppel verbannt. Sie leben praktisch in einer kleinen Junggesellenwohngemeinschaft und fühlen sich inzwischen, nach gewissen, anfänglichen Eingewöhnungsschwierigkeiten, ganz offensichtlich nicht unwohl dabei.

Synchronisation der Deckzeiten – Verkürzung der Stresszeiten

So können wir die beiden Damenherden das ganze restliche Jahr über in einer Gesamtriege zusammen laufen lassen – eine erhebliche Arbeitserleichterung. Kurz vor der **Deckzeit** nehmen wir die **Zuchtbücher** zur Hand und trennen die beiden Herden nach Namen, Nummern, Plan und Vorschrift, um **Inzuchten** zu vermeiden.

Dann kommen die zwei Herden auf verschiedene Koppeln – möglichst mit einem Fußballfeld an Platz und vielen Zäunen dazwischen. Sonst stehen sich die Herren der Schöpfung früher oder später im Voll-

Kaspar küsst die schüchterne Bianca.

Dem Deckakt geht ein ausgiebiges Werbungsverhalten sowohl vom Bock als auch von der Ziege voraus.

rausch der Erregung Horn an Horn mit nur einem einzigen, zarten Stück Zaun dazwischen schnaubend gegenüber.

Wir bringen die beiden Kavaliere zu ihren Herden und voilà: man freut sich, erkennt sich wieder, mit den bisher unbekannten Jungziegen werden zarte, frische Bande geknüpft, der Pascha ist in seinem Element. Die **Leitziege** kuschelt sich natürlich als Erste an, egal wie ihre Deckstimmung ist – man muss ja zeigen, wer man ist, und der Kavalier macht natürlich umworben mit.

Der Bock ist jedoch sensibel genug, sich nicht außer Rand und Band einfach so auf die bockigen Damen zu stürzen. Ganz im Gegenteil – es wird zärtlich an diesem und an jenem Ohr geknabbert, da und dort mit der Schulter gerieben, er schnattert die Damen sanft an, er begutachtet die gesamte Situation tagelang recht entspannt und taxiert durch Schnuppern und Schnobern erst einmal den jeweiligen Status quo seiner Weiberschar.

Dieses Vorgehen bringt nach und nach die Damen in Schwung – eine zunehmende **Deckbereitschaft** macht sich breit, signalisiert durch Schwanzwedeln und Fellreiben am Bock. Er tutet ihnen leise ins Ohr, sie reiben ihm die Schulter, man wetzt und schabt gegenseitig Horn an Horn – die Sache wird perfekt. Auf diese Weise deckt der Bock die gesamte Herde meist innerhalb von vierzehn Tagen.

Wird die gehörnte Dame trotz intensiver Bemühungen nicht sofort gedeckt, ist nicht aller Tage Abend: In achtundzwanzig Tagen kommt ihre aufnahmefähige Phase erneut, und dieser Zyklus wiederholt sich so lange, bis sie befruchtet ist. Danach hat die Hormonumstellung den Geruch der Ziege verändert und sie wirkt auf den Bock nicht mehr attraktiv.

Tipp

Wurden die Böcke zur Herde geführt, weil die Saison gekommen ist und die ersten Damen wie verrückt mit den Schwänzen wedeln, sollte man ein **Flushing** *der restlichen weiblichen Belegschaft provozieren. Dann dehnen sich die Deck- und somit auch die* **Ablammzeiten** *nicht zu lange aus. Dazu erhöhen Sie in jedem Fall die morgendliche und abendliche Kraftfutterdosis und füttern zusätzlich sogenanntes* **Brunstpulver** *zu.*

Auch beim Brunstpulver bevorzugen wir pflanzliche Mittel, die es in Form genau abgestimmter Kräuter- und Vitaminmischungen gibt. Das tut nicht nur den Damen gut, es unterstützt auch die Leistungsfähigkeit Ihres Bockes, der es ja an manchen Tagen mit fünf und mehr bereiten Ziegen auf einmal zu tun hat.

Weißer Schal und Rose quer im Maul

Der Kavalier beginnt jetzt verstärkt durch die Anwesenheit der weiblichen bockigen Herde, sein Parfüm zu produzieren, sich selber vollzuharnen, bis er rundum ein stinkender und ausdünstender, wandelnder Fellfilz ist. Das finden die Damen ungemein anziehend. Aber sie zieren sich sehr theatralisch, jede einzelne für sich. Ob sie wirklich vor dem Bock wegrennen, bis er sich genügend ins Zeug geschmissen hat, oder ob er ihr Wegrennen braucht, um nicht sein Interesse an ihnen zu verlieren, ist nicht klar zu bestimmen. Ersichtlich ist, dass das Werben und Wegrennen ein bis zwei Stunden pro Dame in der Hochbrunst dauert, der eigentliche **Deckakt** jedoch nur drei bis vier Sekunden.

Bei uns steht weiterhin die halbe Dorfbevölkerung staunend am Zaun, wenn unsere Zuchtböcke Saladin, Magnus und Kongo die leidenschaftliche Show des Paarungsverhaltens starten. Da wird die auserwählte Dame umkreist, schnatternd beißt er in ihr Ohr, dann wendet er sich spielerisch ab, kommt von andersrum um die Ecke, schmeißt sich in die Brust, bockt vor ihr und schnobert ihr ins Fell.

Die Dame lässt es sich deutlich gerne gefallen, dann aber geht sie ein oder zwei Schritte seitwärts, er muss andersrum nochmal von vorne auf sie zugehen, mit erhobenen Hörnern, leise röhrend. Er schiebt ihr vorsichtig sein Knie an die Seite, sie weicht leicht aus. Er wendet wieder, geht sie von vorne an, knabbert ihr Ohr an ... bis die Umworbene endlich still steht.

Liebe macht blind – vor Wut

Der Bock weiß, dass die Ziege jetzt etwa siebzig Stunden lang aufnahmebereit ist. In dieser Zeit, deren Phase er immer wieder flehmend am Geruch ihres Urins feststellt, lässt er nicht mehr locker, bis sie endlich für ihn steht.

Diese Zeitspanne ist für den Menschen nicht ungefährlich. Jedes Wesen, das sich zwischen den Bock und seine Auserwählte stellt, wird von ihm als Konkurrent betrachtet. Wenn die laktierenden Ziegen in der Deckphase von der Koppel zum Melken geholt werden sollen, wird sich der Bock dagegenstellen. Da nützt oft nicht einmal die Anwesenheit unseres Hütehundes, vor dem die Böcke sonst großen Respekt haben. Tore werden zerlegt, bestimmte Schwachstellen an den Koppelzäunen müssen mit Ketten gesichert werden.

Am besten man versucht, den Bock abzulenken: Da kommt die viel beschworene Ablenkungsfütterung am allerhintersten Koppelende zum

Tipp

Wir lassen über Nacht immer ein paar Jungziegen, die noch nicht gemolken werden, zur Gesellschaft beim Bock. Das beruhigt ihn ungemein, denn wenn er jetzt auch noch ganz alleine wäre, würde er ein nervenzerreißendes Theater veranstalten – je nach Energie, durchgängig bis zum nächsten Morgen.

Tragen, denn so lange er seine verbrauchte Energie auffüllt, können Sie in aller Ruhe die Damen ins Melkhaus bitten.

Schreiben Sie mit!

Während der **Brunstzeit** hören Sie rund um alle Koppeln die typischen Geräusche, die der buhlende Bock von sich gibt. Dennoch sollten Sie aus eigenem Interesse während dieser Zeit immer wieder ein Auge auf die Situation werfen.

Nur wenn die Ziege steht und der Bock sie aus dem Stand bespringt, wird gedeckt – nicht anlässlich des erstaunlichen sonstigen Brimboriums. Sie sehen es an den melkenden Ziegen auch auf dem **Melkstand**, denn der weißliche Samen wurde vom Bock dermaßen im Überfluss gespendet, dass in und um die Scheide ein schleimiger Überrest unverkennbar ist. Außerdem stinken die Damen stark nach dem Bocksparfum, mit welchen der Kavalier sie den ganzen Tag lang von oben bis unten vollgeschmiert hat. Anfang bis Mitte August riecht der gesamte Stall (in dem noch nie ein Bock gestanden hat) dermaßen nach Bock, dass viele Hofgäste lieber nicht die Nase reinstecken wollen ...

Auf jeden Fall schreiben Sie sich den **Namen der Ziege** und das **Deckdatum** in Ihrem **Stallbuch** auf. Das hat sich bei uns als nützlich erwiesen, die Trefferquote liegt bei etwa neunzig Prozent (den Rest hat man verpasst oder zu spät registriert).

Tipp

Wenn Geburtsschwierigkeiten, beispielsweise echte Wehenträgheit einsetzen, können Sie immer in Ihren Aufzeichnungen nachschauen, ob diese Ziege in der Vergangenheit Probleme hatte und welche Maßnahmen Sie dann ergriffen haben.

Deckzeiten und Vorlauf für die Lammzeiten

Wenn alles nach Plan läuft, werden alle Ziegen während zwei bis vier Wochen von Anfang August bis Mitte September gedeckt. Das heißt, die neuen **Lämmer** kommen genau fünf Monate später, also ab Anfang Januar bis Mitte Februar. Es wird immer die eine oder andere Nachzüglerin geben, aber die äußerste Toleranz sollten weitere vier Wochen sein. Danach – Ende September, Anfang Oktober – können die Böcke weggestellt werden.

Die gehörnten Damen werden sich von jetzt an langsam selber **trockenstellen,** um das **Euter** – ihr vom Menschen strapaziertes Turboorgan – zu regenerieren. Ab Ende Oktober beginnt der Prozess ganz deutlich, man melkt dann nur noch einmal am Tag. Bis Mitte November wird es dauern, bis die Ziege komplett trockensteht und dann kommt keine Milch mehr nach.

Gut zu wissen

Sollte die eine oder andere der laktierenden Ziegen die Milchproduktion nicht eigenständig einstellen, muss man unbedingt nachhelfen. Diesen Tieren wird das Kraftfutter komplett entzogen und sie bekommen möglichst wenig Wasser. Nach zwei bis drei Tagen können sie wieder mit den anderen Ziegen normal versorgt werden, denn der Trockenstellprozess hat eingesetzt.

Trockenstellen

Es ist übrigens jederzeit möglich, eine laktierende Ziege, egal zu welchem Zeitpunkt, mit der radikalen Methode des Kraftfutterentzugs trockenzustellen, sollte es aus medizinischen oder anderen Gründen notwendig sein. Mitten in der Milchzeit dauert es allerdings länger. Dann gilt: mindestens zwei Wochen lang nur Haferstroh (kein Heu), wenig Wasser und auf keinen Fall irgendeine Art von **Kraftfutter**. Und: Das arme Tier darf nicht gemolken werden! Sie melken die Ziege einmal richtig aus und schauen sich danach das zunächst immer praller werdende **Euter** an, ohne etwas zu unternehmen, außer es mit **Minzextrakten** zu kühlen. Die Ziege ist in der Lage, die zu viel produzierte Milch nach einigen Tagen im eigenen Körper zu resorbieren. Das Euter wird schrumpfen und am Ende steht die Ziege trocken.

Gut zu wissen

Kommen Sie während dieses schwierigen Prozesses niemals auf die Idee, dem Tier durch Abmelken scheinbare Erleichterung zu verschaffen! Der normale Milchbildungszyklus käme sofort echoartig, durch eine Art Memory-Effekt wieder in Gang.

Einmal im Jahr tief Luft holen können – oder auch nicht

Es ist der traurige Monat November, die Tage werden rasant und deprimierend kürzer, Nebel, Regen und feuchtkalter Wind beherrschen den einstmals blühenden Garten, die Bäume sind blätterlos, man muss heizen und Holz holen aus der unwirtlichen Kälte draußen und jetzt – jetzt haben Sie endlich Ferien! Na toll.

Die **Zuchtböcke** haben sich längst beruhigt und ihre Streitigkeiten eingestellt, die sie beim Zusammenführen nach der Deckzeit zunächst nervenaufreibend vorführen mussten und wo oft nur noch der aufgedrehte Wasserschlauch sie im Guten voneinander trennen konnte und jede Menge Bachblütentropfen in die Tränke mussten.

Alle Ihre Ziegen stehen trocken und bereiten sich in Ruhe auf die bevorstehende Mutterschaft vor. Alle? Nicht, wenn Sie zusätzlich noch eine Herde zum **Durchmelken** haben ...

Bei unserer Hofgröße im mittleren Bereich hat es sich als wirtschaftlich zwingend erforderlich gezeigt, auch während des Winters Käse zu produzieren und zu verkaufen. Daher stellen wir im Sommer eine Herde von rund dreißig Durchmelkern zusammen, die nicht zum **Bock** gelassen werden, diesmal keine **Lämmer** bekommen, sondern immer weiter Milch geben, summa summarum zwanzig Monate lang ununterbrochen laktieren. Wenn man dies klug und mit Auswahl der richtigen Kandidatinnen angeht, ist es durchaus vertretbar – auch für die Tiergesundheit. Die Durchmelker werden dann im kommenden Sommer gedeckt und durch andere bocklose Milchgeberinnen für den Winter ersetzt. Alle bekommen auf diese Weise mal ihre Pause – nur der Melker und Käser nicht!

Auch Saladin hat sich wieder beruhigt.

Aber freuen Sie sich nicht zu früh

Mit den erwachsenen Damen sowie den erstmalig gedeckten Jungziegen, die jetzt auch nicht nur auf der Koppel, sondern nachts im Stall wohnen, und den Herren haben Sie jetzt kaum Tagewerk. Sie müssen sie nur füttern, tränken und sauber halten.

Genau in dieser Zeit, wo man sich am liebsten den ganzen Tag mit einem dicken Buch und dampfendem, warmen Tee auf der Ofenbank samt Katzen und Hunden einrollen möchte, müssen Sie all das tun, wozu Sie weder vorher noch nachher Zeit haben: grundsätzliche Generalüberholung.

Sie haben nun sechs bis acht Wochen Zeit, um all das auf Vordermann zu bringen, was Sie ab Mitte Januar wieder dringlichst und tipptopp brauchen: Die **Käseküche** muss mit allem Drum und Dran von Grund auf sterilisiert werden, die **Melkmaschinen** auseinandergebaut und desinfiziert, **Melkstände** gereinigt, defekte **Koppeltore** repariert, **Zäune** kontrolliert, **Maschinen** gewartet, **Unterstände** aufgestreut und alles für die Ankunft von achtzig oder mehr neuen Lämmern vorbereitet werden.

Wenn das geschafft ist, kommt Weihnachten. Dann folgen die wunderbaren Tage zwischen den Jahren – die magischen zwölf Nächte. Danach kommen Sie erst einmal nicht mehr zum Luftholen.

Tipp

Es empfiehlt sich eine tägliche Euterkontrolle auf dem Melkstand, kombiniert mit der entsprechenden Kraftfuttergabe, die jetzt auch etwas reichlicher ausfallen darf und mit einer Vitamingabe bereichert wird, da die Ziegen ja meist für drei futtern.

Die Ablammphase – alles voller kleiner weißer Ohren

Machen Sie sich vorher klar, wie viele Lämmer Sie bestenfalls erwarten und wie Ihr Stallgefüge dafür vorbereitet sein muss. Wenn das **Ablammen** erst einmal losgeht, können Sie kaum noch baulich oder technisch nachrüsten, weil Sie rund um die Uhr mit Lämmerkriegen beschäftigt sind.

Normalerweise bekommt die Ziege zwei Lämmer – bei Erstlingen mit wenig Milch kann es dankenswerterweise sehr oft auch nur eines sein. Andererseits gibt es auch Drillingsgeburten, die meist in der Aufzucht problematisch sind. Gehen Sie also einfach immer von zwei Lämmern pro Ziege aus.

Außerdem brauchen Sie sehr, sehr geduldige Nerven, weil Sie in absehbarer Zeit wenig Schlaf bekommen. Und: Schneiden Sie Ihre Fingernägel noch kürzer als sonst, bis kein Rand mehr zu sehen ist, und desinfizieren Sie Ihre Hände und ab sofort von oben bis unten alle Besucher Ihres Hofes. Dann kann es losgehen.

Ablammdiagnostik

Sie haben gut Buch geführt und wissen, wann welche Ziege vermutlich lammen wird. Als zweites, sicheres Indiz gilt das **Aufeutern.** Die eigentliche **Trächtigkeit** ist bei Ziegen nur in den wenigsten Fällen deutlich früh zu erkennen. Die Lämmerembryos entwickeln achtzig Prozent ihrer Geburtsgröße in den letzten zwei Trächtigkeitswochen. Dann

Legen Sie sich einen Vorrat mit den folgenden Dingen an

- *Biestmilchersatzpulver (am besten von Bergophor, Globulac L)*
- *First Kick Lämmerstarter (von DocConrad über den Tierarzt)*
- *Wärmelampen (Infrarot)*
- *Alte, frisch gewaschene Handtücher*
- *Nabeldesinfektionsmittel (Neo-Ballistol)*
- *Gleitmittel (speziell vom Tierarzt, notfalls normales Geschirrspülmittel)*
- *Einweghandschuhe*
- *saubere Nuckelflaschen*
- *Nuckeleimer*
- *sterile Schere*
- *abwaschbare Daunenweste*
- *Desinfektionsmatten und -mittel*
- *Acetylsalizylsäuretabletten*
- *Kamillentee*
- *Ketose-Medikamente (vom Tierarzt)*
- *Ursocyclin-Schaumstäbe (vom Tierarzt)*

Sämtliches Zubehör fürs Ablammen muss griffbereit sein.

Bis zum Lammen dauert es nicht mehr lange …

aber eutert die Ziege auch deutlich auf: Bei Jungziegen entstehen apfelsinengroße Euterchen, wo vordem nur zwei winzige Striche zu sehen waren, bei den älteren Damen und Mehrfachmüttern schwillt das Euter teilweise zu abstruser Form an.

Es wird ernst

Wir bringen – eben auch in der widrigen Wettersituation der **Ablammphase** – die trächtigen Damen jeden Tag hinaus auf die Koppeln zum Bewegen, und wenn es nur für wenige Stunden ist. Licht, Luft, Wind und Bewegung sind bei allen Ausnahmesituationen, auch in Krankheitsfällen die besten Heiler und Helfer. Die Lämmer können sich durch die Bewegung in die richtige Ablammposition drehen. Wenn die Damen nur drinnen im Stall herumgammeln und träge im Stroh liegen, wird das nicht der Fall sein. Also, immer raus mit ihnen! Das kann nur nutzen und niemals schaden.

Vorboten des Ablammens

Die lammende Ziege wird auffallend unruhig. Sie legt sich hin, steht wieder auf, geht zum nächsten Platz, scharrt sich ein Nest, legt sich hin, steht wieder auf. Sie harnt und kotet in sehr kurzen Abständen immer ein wenig. Sie entleert sich nach und nach komplett. Sie geht zum Heu oder zum sonstigen Futter, will aber nicht mehr fressen.

Sie beginnt sich zu krümmen und zu buckeln, wenn die ersten **Wehen** einsetzen. Und sie beginnt, in ihrer Mutter-Kind-Sprache ganz leise mit den noch nicht geborenen Lämmern zu meckern: vollkommen andersartige, zarte Geräusche als sonst. Sie reckt ihren Schwanz steil nach oben, wie in der Brunst. Sie beginnt zu hyperventilieren, schnauft, seufzt, weitet die Nasenlöcher.

Dankenswerterweise beginnen unsere Ziegen fast einhellig entweder morgens nach Sonnenaufgang, im Winter also nach acht Uhr, und abends vor Sonnenuntergang um fünf Uhr herum mit dem Lammen. Nachts müssen wir uns eigentlich keine Gedanken machen, auch wenn wir trotzdem regelmäßige Kontrollgänge unternehmen.

Tipp

Wenn Sie die Ziegen – auch die Jungziegen, die zum ersten Mal Mutter werden – immer auf dem Melkstand mit Kraftfutter versorgen, hat das zwei Vorteile: Zum einen gewöhnen sich alle Tiere an diese Prozedur und entwickeln einen herdenhierarchischen Ablauf, zum anderen sehen Sie, wann eine Ziege spontan aufeutert.

Die Geburtsphase innerhalb der Herde

Wir haben bislang immer die Erfahrung gemacht, dass die lammende Ziege ab diesem Zustand von allen anderen Herdenmitgliedern, ob schon selbst mit Lämmern oder noch hochtragend, absolut respektiert worden ist. Deshalb haben wir das lammende Tier nicht aus dem Herdenverbund in eine **Ablammbox** gestellt.

Von vielen anderen Kollegen wird dies Abtrennung dennoch als die einzig realisierbare Situation geschildert. Das mag unter Umständen an den Haltungsformen liegen. Wir können nur sagen, dass unsere Tiere sogar vollkommen rangniedrige Muttertiere mit einem kollektiven Freiraum beschenkt haben, in welchem diese sich langwierig und unter Gebärschmerzen die für sich richtige Stelle zum Lammen frei aussuchen konnten. Und wir haben den Eindruck, dass dies für das lammende Tier sehr hilfreich und notwendig ist.

Die **Leitziege** und ihre Erste Offizierin beobachten den Freilaufstall zu dieser Zeit sehr genau. Wenn eine Ziege mit dem Lammen beginnt, gibt es von der Hierarchiespitze bestimmte Anordnungen, nach denen sich das Chaos aus Neugeborenen, hysterischen Müttern und trächtigen Jungziegen lichtet.

Alle gehen in eine Ecke, weit weg von der lammenden Kollegin. Bewegt diese sich just in die gleiche Richtung, wird die Herdenchefin dafür sorgen, dass alle anderen samt ihrem unerzogenen Nachwuchs mitkommen und sich in die nächste, am weitesten entfernte Ecke stellen. Dicht bei dicht stehen sie dann dort, keine geht gucken, bis die Sache erledigt ist. Wenn nicht, sorgt die Chefin sehr brachial für Ordnung.

Lutzi sucht zum Lammen immer lange nach dem passenden Ort.

Gut zu wissen

Ein Ablammen bei winterlicher Unbill in freier Natur sollte vermieden werden, deshalb schaut man auf mögliche Anzeichen einer bevorstehenden Geburt und behält die entsprechende Dame dann drinnen.

Die gute und normale Geburt

Die lammende Ziege unterbricht ihre Wanderung: der richtige **Ablammplatz** ist entdeckt. Entweder legt sie sich hin, auf den Bauch oder auf die Seite, oder sie bleibt stehen. Sie beginnt zu pumpen. Zuerst tritt ein faustgroßes Stück der **Fruchtblase** aus. Dies kann wieder eingezogen werden, um erneut auszutreten, oder es wird durch den zunehmenden Wehendruck von Anfang an immer weiter hinausgepresst.

Schließlich platzt der **Fruchtsack** auf, dunkle Flüssigkeit läuft aus. Jetzt presst die Ziege weiter, es müssen zwei kleine Vorderfüße erscheinen, umgeben von einer zweiten Fruchthülle, die bei zweieiigen Lämmern jedes einzelne Lamm, bei eineiigen Zwillingsgeburten beide Lämmer zusammen umschließt. Zwischen den beiden Vorderläufen ist nun eine weiße Nase zu erkennen. Jetzt kommt der schwere Teil für die Ziege: Sie muss Kopf und Schulterbereich des Lammes auf einmal herauspressen.

Im Allgemeinen soll man die lammende Mutter so weit wie irgend möglich allein lassen und nicht stören. Wir haben allerdings die Erfahrung gemacht, dass gutes Zureden mit streichelndem, **Presswehen** unterstützendem Druck auf den dicken Bauch auch sehr hilfreich sein können.

Sind Kopf und Schultern des Lammes ausgetreten, flutscht der restliche kleine Körper mit einem Rutsch hinterher, die Nabelschnur reißt ab und das neue Lamm liegt im Stroh. Wieder gilt: Immer die Mutter machen lassen. Ist sie jedoch noch sehr unerfahren, sollte man die Angelegenheit im Blick behalten.

Gut zu wissen

Bei Erstlingsgeburten oder im Fall einer hysterischen Mutter kann es nun zu Geschrei und Aufstehen, Hin- und Herwälzen, unnötiger Aufregung kommen. Dann ist es unter Umständen gut, wenn Sie – rundum desinfiziert – dem lammenden Tier zur Seite stehen, es beruhigen und streicheln.

Die Mutterziege muss jetzt so schnell wie möglich die Fruchthülle vom Kopf des Lammes entfernen, damit es atmen kann. Wenn sie zu dumm oder zu erschöpft dazu ist, muss der Hirte nachhelfen. Der Schleim an Nase und Mund des Lammes muss entfernt werden. Bei einer extremen Geburt, als das Lamm schon erstickt schien, haben wir einmal per Mundbeatmung den Schleim aus Nase und Mund des Lammes gesaugt und Luft hineingeblasen. Das wiederbelebte Wesen steht jetzt als prächtiger Bock einer Herde von Toggenburgern vor ...

Die Schwergeburt

Geht alles gut und richtig vor sich, haben beide Lämmer die richtige Lage und kommen so zur Welt. Aber es kann auch anders verlaufen. Die häufigste Komplikation, die wir im Laufe der Jahre beobachtet haben, war ein oder beide nach hinten liegende Vorderläufe: eine **Schwimmergeburt**.

Das bedeutet, der Kopf des Lammes tritt bis zum Schulterbereich aus, da aber die Läufe nach hinten gedreht sind, steckt das kleine Wesen wie ein Pfropfen im Geburtskanal fest. Die Ziege kann pressen wie sie will: Wenn ihr Gewebe nicht schon durch viele vorherige Geburten gedehnt ist, wird das Lamm nicht herauskommen können.

Jetzt sind Sie als Hebamme gefragt. Da der Tierarzt nicht immer gleich zur Stelle ist und seine Hilfe bei Geburten auf lange Sicht bei sehr vielen Ziegen auch zu kostspielig wäre, müssen Sie selbst die Kunst der **Geburtshilfe** erlernen.

Gut zu wissen

Sie sollten bei der Geburtshilfe möglichst zu zweit sein, denn das Muttertier wird unter Umständen hysterisch, wenn jemand an ihm in dieser Situation manipuliert. Also sollte jemand das lammende Tier vorne am Halsband festhalten, mit ihm beruhigend reden, es streicheln und in seiner jeweiligen Stellung fixieren, damit Sie arbeiten können. Stellen Sie sich auf den Press- und Wehenrhythmus des Muttertieres ein.

Menschliche Hilfe

Bei allen Problemen, die bei der Geburt auftreten können und Ihre Hilfe erfordern, müssen Sie ruhig und gefasst bleiben. Aufregung nutzt nichts und beschleunigt nichts, macht alles nur schlimmer.

Die Fingernägel müssen völlig kurz und glatt gefeilt sein, um auf keinen Fall die empfindliche Gebärmutter verletzen zu können. Hände und Unterarme müssen gründlich desinfiziert und danach mit desinfizierendem **Gleitmittel** eingerieben werden. Sollte keines zur Hand sein, funktioniert es auch mit Spülmittel, aber Sie haben es dann hinterher meistens mit einem schäumenden Lamm zu tun ... Die Verwendung von Handschuhen hat sich uns als schwierig und unpraktisch erwiesen, auch wenn sie eigentlich anzuraten ist.

Schwimmergeburt

Im diesem Fall muss zuerst der Lammkopf wieder in den Geburtskanal zurückgedrückt werden. Das geht gut, wenn die Fruchthülle noch geschlossen ist.

- Schieben Sie Ihre Hand vorsichtig aber gleichmäßig schnell zwischen Fruchthaut und Gebärmutter.

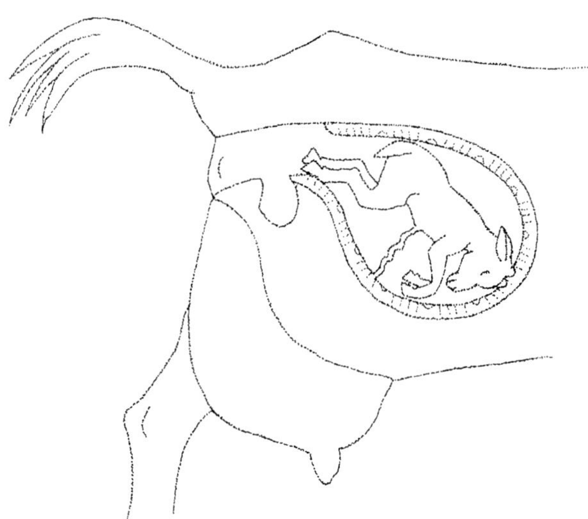

Schwergeburt: Hinterendlage.
Hilfe: Unterstützendes Herausziehen an den Hinterläufen. Sind diese nach innen gewinkelt, muss das Lamm gedreht werden.

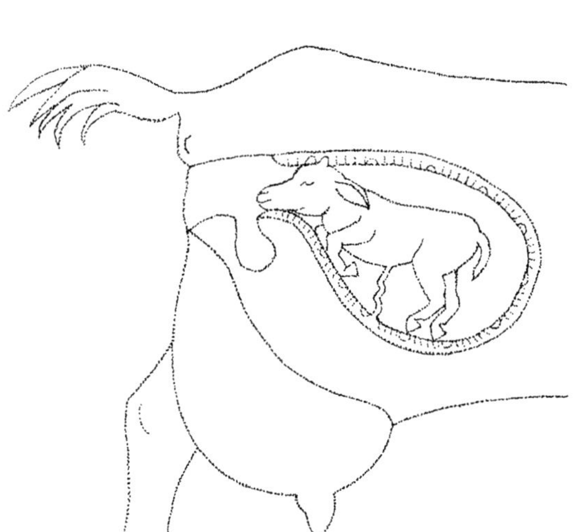

Schwerstgeburt: Schwimmerlage – beide Vorderläufe befinden sich unter dem Lamm, nur der Kopf tritt aus.
Hilfe: Der Kopf muss zurückgeschoben werden, um durch Vorziehen beider Vorderläufe die Pfropfenwirkung der Schultern aufzuheben.

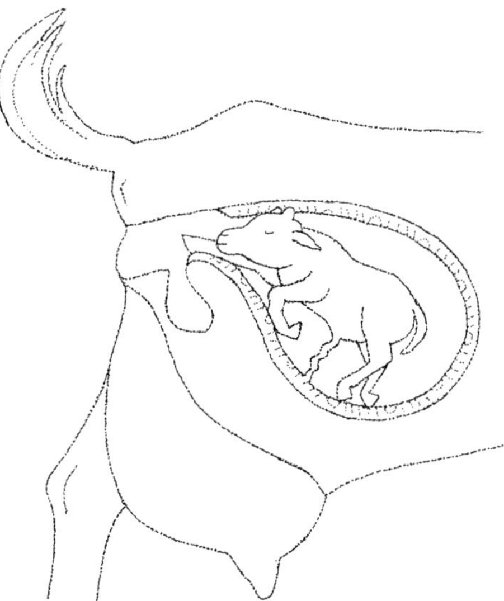

Schwierige Geburt: einseitige Vorderlaufbeugung unter dem Lamm.
Hilfe: Verklemmten Vorderlauf fassen und nach vorne herausziehen.

- Achten Sie darauf, mit dem Lamm nur zu arbeiten, wenn die Ziege presst: dann ist der Geburtskanal geweitet und Sie können das Lamm problemlos bewegen. Haben Sie Geduld.
- Wenn die Wehe vorbei ist, bleiben Sie einfach da, wo Sie sind, bewegen Sie ihren Arm nicht im Tier, warten Sie die nächste Wehe ab.
- Sie suchen danach die beiden Vorderläufe des Lammes im Bauch der Ziege und bewegen diese unter der Lammbrust her vorsichtig nach vorne zum Kopf hin. Das kann zwei oder drei Wehen lang dauern. Mit etwas Übung und erfahrener Beherztheit brauchen Sie vielleicht nur noch einen Pressvorgang.
- Wenn Sie die Vorderläufe nach vorne gezogen haben, können Sie bei der nächsten Wehe leicht daran ziehen, Sie bringen also das Lamm in eine normale Geburtsposition.
- Presst die Mutter weiter, wird mit wenig Zug Kopf und Schulterbereich erscheinen und der Rest passiert von alleine.

Steißgeburt

Schlimmer ist es, wenn das Lamm mit dem Hinterteil nach vorne liegt, eine **Steißgeburt** also, bei der Sie das ganze Wesen im Geburtskanal wenden und in die richtige Lage drehen müssen. Das dauert entsprechend länger, die lammende Ziege wird den Eingriff mit Ungeduld quittieren und unter Umständen aufhören zu pressen. Sie dürfen Ihr Tempo jetzt aber nicht verringern, denn wenn die **Nabelschnur** des Lammes schon gerissen ist, muss es so schnell wie möglich an die Luft, damit es nicht erstickt.

Wehenschwäche

Mit und in einer nicht mehr pressenden Ziege zu arbeiten, ist extrem schwer. Jetzt ist der Helfer unabdingbar, der das sich sträubende Muttertier fixiert. Anders geht es aber nicht, sonst sind die Lämmer tot im Mutterbauch und Sie haben viele zusätzliche Probleme. Also müssen Sie weit mehr Kraft und Entschlossenheit aufwenden.

Ähnlich grenzwertig verläuft die Geburt bei Ziegen mit Wehenschwäche, die zu Beginn noch alles richtig machen, nach dem Platzen der Fruchtblase aber alle weiteren Aktivitäten einstellen. Auch hier müssen Sie die Lämmer ans Tageslicht befördern, wieder ohne erweiterten Geburtskanal und eventuell unter der Gegenwehr des Muttertieres.

Das Ergebnis wird Ihnen recht geben: Wir haben so schon mehreren Lämmern zu einem schönen, gesunden und munteren Leben verholfen und das Muttertier hat uns das Drama schließlich auch verziehen.

Sich gegenseitig behindernde Lämmer

Eine wirkliche Schwierigkeit bei diesen Hilfeleistungen ergibt sich bei der seltenen Gelegenheit, wo beide Lämmer nicht nur falsch liegen, sondern auch noch um den Austritt aus dem Mutterbauch konkurrieren. Die Geburt stockt und bei der menschlichen Hilfestellung tritt das Problem auf, im glitschigen Innern der Ziege die beiden zusammengehörigen Vorderläufe zunächst eines Lammes zu ertasten und zu greifen und dann des zweiten.

Aber, was sich hier so furchtbar liest, ist es in Wirklichkeit nicht. Wenn Sie die Lämmer, denen Sie ans Licht der Welt geholfen haben, schon nicht mehr nachzählen können, werden Routine und Sicherheit Ihnen den Weg weisen, zügig und angstlos als Hebamme zu arbeiten. Es ist nur bei den ersten Malen aufregend und schweißtreibend.

Hilfestellungen nach der Geburt

Die Lämmer liegen also im Stroh, der Schleim ist aus Nase und Maul entfernt – entweder von der Mutterziege oder von Ihnen. Wesentlich ist, dass Sie das Muttertier jetzt an beiden Strichen **anmelken**. Sowohl bei Erstlingsziegen als auch bei erfahrenen Damen, die schon lange für Sie arbeiten, können die Strichkanäle durch dicke Fettpfropfen so verstopft sein, dass ein schwaches Neugeborenes nicht dazu in der Lage ist, an die lebenswichtige Kolostralmilch zu kommen.

Danach gönnen wir der neuen Familie erstmal Ruhe – mindestens eine Stunde lang. Die Mutterziege wird ihre Lämmer schön sauber- und trockenlecken, sie anstupsen, damit sie auf kleinen wackligen Beinen aufstehen, sie wieder anstupsen, damit sie in Richtung Euter wanken und taumeln, sie immer weiter belecken und mit ihren kleinen Geräuschen locken und beruhigen.

Die **Nachgeburt** geht ab und die Mutterziege wird sie unter Umständen fressen, weil sie die darin erhaltenen Hormone benötigt. Sollte sie das nicht wollen, werden wir das ganze Schleimgewebe entsorgen und die Ablammstelle neu mit trockenem Stroh einstreuen.

Nach dieser Pause schauen wir uns die Sache an. Ist alles normal? Stehen die **Lämmer** mit aufgerichteten Ohren? Versuchen sie, mit begeistert wedelnden Schwänzchen zu saugen? Wenn ja, ist es gut. Dann kann man die Winzlinge mit einem sauberen Handtuch hochnehmen, auf den Rücken drehen und mit der desinfizierten Schere die mehr oder weniger lange **Nabelschnur** bis auf etwa fünf Zentimeter kappen und sofort in eine **Desinfektionslösung** (am besten Neo-Ballistol) tauchen, damit den Kleinen nicht die Stallkeime vom Boden in den Bauch wandern können.

Außerdem ist bei dieser Tätigkeit gleichzeitig die **Geschlechtsinspektion** erledigt: sind es Mädels oder Jungs? Die Bocklämmer haben als Neugeborene meistens einen dickeren Kopf als die Mädchen, aber man erkennt sie natürlich eindeutig am Penisknopf, der direkt unterhalb des Nabels auf dem Bauch sitzt.

Das ist der Moment, in dem man die **Ablammliste** in die Hand nehmen muss. Dort sind alle potenziell lammenden Tiere seitens des **Zucht-**

Achtung

Nachdem Sie Hebammendienste geleistet haben, gilt es genau zu beobachten, wenn die Nachgeburt abgeht. Sofort danach muss der Ziege ein Schaumstäbchen Ursocyclin in die Gebärmutter eingeführt werden, um möglichen innerliche Infektionen unverzüglich vorzubeugen. Hier gilt es, keine Zeit zu verlieren, weil das Antibiotika-Zäpfchen sonst nicht mehr durch den sich sehr rasch schließenden Gebärmutterhals geschoben werden kann.

verbandes aufgeschrieben. Nun müssen wir Geburtstag, Vatertier, Geschlecht und – bei weiblichen Lämmern – den Namen eintragen sowie die **Lammnummer** vergeben. Erfahrungsgemäß macht man dies wirklich am besten sofort, denn bei mehreren ablammenden Ziegen an einem Tag und ganz vielen in einer Woche verliert man sonst den Überblick.

Wichtig

Hundert Milliliter an Kolostralmilch sind das absolute Minimum und diese Menge sollte, wenn der Winzling sich weigert, sie auf einmal zu nehmen, dann noch am Tag der Geburt in Portionen alle zwei Stunden verabreicht werden.

Gut zu wissen

Ergänzend zur mütterlichen Kolostralmilch geben wir prophylaktisch jedem Lamm nach der Geburt diese Menge an Biestmilchersatz – Globulac L. Das ist ein Pulver, welches mit Wasser aufgerührt und ebenfalls mit Fläschchen oder mit Spritze einzugeben ist. Es enthält auch einen hohen Anteil an Traubenzucker, was dem Lamm einen gewissen Energieschub gibt. Bei scheinbar aussichtslosen Kandidaten hat sich ein Pumpstoß „First Kick"-Lämmerstarter als wahres Wundermittel erwiesen: mindestens einmal, höchstens dreimal im Abstand von einer halben Stunde.

Gute Mutter – schlechte Mutter

Leider wird man bei der Untersuchung nach der ziegenfamiliären Ruhepause manchmal feststellen müssen, dass die Rabenmutter nur eines von beiden Lämmern als Kind akzeptiert. Meist ist es das zuerst geborene, dem zweiten schenkt sie einfach keine Beachtung mehr.

Wir setzen die verstoßenen Babys trotzdem bei der Mutter am Euter an. Lässt sie sie saufen, kann noch alles gut werden. Schlimmstenfalls aber wird sie stoßen und weggehen, immer und immer wieder. Diese **Waisenkinder** bauen sehr schnell Energie ab, sie schwanken mit herunter hängenden Ohren hin und her, sind nicht richtig trockengeleckt und wirken regelrecht unglücklich und verstoßen.

Lammrettungsdienst mit Kolostralmilch

Hier hilft nur der Fläschchennotdienst. Wesentlich ist die **Kolostralmilch**, auch **Biestmilch** genannt, die die Mutterziege zwei bis drei Tage nach dem **Ablammen** gibt. Sie ist gelblich bis orangefarben und dicker als normale Milch, in ihr sind die wesentlichen Bestandteile zur Lebenserhaltung der neugeborenen Ziegenlämmer enthalten. Das Lamm kommt hinsichtlich seines **Immunsystems** quasi ungeschützt zur Welt, es kann nur überleben, wenn es den mütterlichen Cocktail an Schutzstoffen so schnell wie möglich nach der Geburt aufnimmt.

Melken Sie also für das verstoßene Lamm Kolostralmilch seiner Mutter ab, erwärmen diese auf 35 °C (machen Sie einfach den Handgelenkspulstest mit dem Fläschchen) und bringen Sie dem Lamm bei, aus dem Fläschchen zu trinken. Letzteres erweist sich häufig als äußerst schwierig. Wenn das Begreifen zu lange dauert, füllen Sie die warme Kolostralmilch in eine Spritze (ohne Kanüle) und geben Sie sie dem Lamm zunächst so ein.

Für den Anfang verwenden Sie am besten zu diesen Zwecken handelsübliche Babyfläschchen mit dreihundert Millilitern Inhalt, deren Nuckelöffnung man ein klein wenig erweitert – jedoch nicht zu groß, damit sich das Lamm nicht übertrinkt und schoppt. Erst später eignen sich die großen Lämmerflaschen mit einem halben oder einem Liter Inhalt.

Nach zweiundsiebzig Stunden ist das Lamm über den Berg. Solange müssen Sie sich rund um die Uhr mit Fläschchengeben befassen. Dann geht meistens das sogenannte **Lämmerpech** ab, ein schwarzes, klebriges Kotwürstchen. Dies ist ein gutes Zeichen dafür, dass sich der Lämmerstoffwechsel auf das Erdenleben eingestellt hat.

Das warme Ziegenmilchfläschchen ersetzt ganz rasch die Rabenmutter.

Ziegenkindergarten

Nach etwa vierzehn Tagen hat sich die Situation stabilisiert: Die glücklichen **Lämmer** mit ihren stolzen Müttern knabbern schon **Heu** und **Kraftfutter**, trinken selbstständig Wasser und saufen begeistert die Milch ihrer Mütter. Unsere **Waisenkinder** im Stall ernähren sich ähnlich und kommen freudig angetobt, wenn wir uns mit den Milchflaschen oder dem Nuckeleimer nähern.

Tagsüber schicken wir die Mutterziegen für anfangs zwei, später drei bis vier Stunden auf die **Koppel**. Die Kleinen bleiben im Stall und genießen ganz offensichtlich ihre Narrenfreiheit: ungehinderter Zugang zu Kraftfutter und Heu – ein wildes Getobe und Gehüpfe geht los bis zur totalen Erschöpfung, dann kuscheln sich alle Lämmer unter einem Schlafregal oder in ihrem **Lämmernest** dicht zusammen.

Zu Beginn unserer Zucht haben wir auch die Kleinen bei gutem, offenen Winterwetter zusammen mit ihren Müttern nach draußen gebracht. Doch die Ziegen verstecken – wie Rehe und Hirsche – ihre Nachkommen irgendwo im Freien und gehen nur zum Säugen zu ihnen hin. Wenn die Zeit zur Heimkehr in den Stall gekommen ist, lassen sie sie dort auch abgeparkt liegen. Dann zwanzig oder vierzig Ziegenlämmer einzusammeln, die ganz verschreckt und hysterisch sind, weil ihre Mütter sie aus dem Stall rufen, sie sie aber nicht sehen können – das ist eine nervenaufreibende Angelegenheit. Die gute Beinarbeit, Schnelligkeit und eherne Kondition, die dieses Unternehmen verlangt, macht aber den kurzen Frischluftaufenthalt der Tiere nicht wett und so haben wir es wieder eingestellt.

Who is who?

Die **Kennzeichnung** der Lämmer ist gesetzlich durch das Setzen der **Ohrmarken** innerhalb der ersten Woche nach der Geburt vorgeschrieben – wir finden das viel zu früh hinsichtlich der kleinen Ohren und der dicken Marken ... Unsere Lämmer bekommen, wenn sie zur Zucht vorgesehen sind, zunächst ein mit dem Mutternamen und einer Nummer beschriftetes **Lammhalsband** und zur Herdenzuordnung eine **Farbmarkierung** mit Tierkennzeichnungsspray an einem der weißen Vorderläufe. Es sieht zwar etwas irritierend aus, wenn Lämmerhorden mit wahlweise roten oder blauen Kniestrümpfen im Stall herumtollen, aber auf diese Weise behält man auf jeden Fall den Überblick.

Info

Wir belassen die Lämmer mindestens acht, längstens zehn Wochen im Stall bei ihren Müttern. Das ist molkereitechnisch betrachtet ein teures Vergnügen, denn aus der Milch, die die Kleinen wegtrinken, können wir keinen Käse machen ... Andererseits entwickeln sich Sauglämmer deutlich besser als Lämmer, die mit Milchaustauscher oder Kuhmilch großgezogen werden.

Im Lämmerinternat

Dann kommt die grausame Trennungszeit. Die Lämmer werden abgesetzt. Dafür bringt man sie auf eine separate **Lämmerkoppel** mit Lämmerstall – beides sollte eine Nummer kleiner sein als die Anlagen für die ausgewachsenen Tiere. Zum einen fressen die Kleinen noch nicht so viel ab, zum anderen sollten sie sich in ihrem Extrastall gemeinsam wärmen können. Eine kleinere Koppel hat auch den Vorteil, dass wir

Am Lammhalsband kann man Melissa erkennen.

eher in der Lage sind, die Kleinen einzufangen, einzutreiben und über Nacht in ihrem Stall einzupferchen: Bei geschlossener Stalltür wird der Innenraum besser warm und denkbare nächtliche Räuber haben keine Chance, über die Lämmer herzufallen. Das garantiert allen Beteiligten eine geruhsamere Nacht.

Manchen Ziegenmüttern fällt es jedes Jahr extrem schwer, sich von ihren Kindern zu trennen. Sie stehen zunächst rufend, später schreiend und verzweifelt am Zaun, locken ihre Kleinen und sind völlig außer Rand und Band. Das kann in einigen Fällen bis zu einer Woche lang so gehen: Kaum ist die Ziege vom Melkstand herunter, strebt sie geradewegs zur den Lämmern nächstgelegenen Koppelecke und fängt an zu rufen.

Den Lämmern geht es oft ähnlich, aber sie gewöhnen sich sehr schnell an ihren **Herdenverband** aus Gleichaltrigen und die neue Draußenwelt, die sie erkunden und entdecken müssen. Alles dort ist ja neu, der Himmel, das Wetter, die Tageszeiten, fremde Tiere, Pflanzen und auch die **Hierarchiebildung**, die bei den Kleinen sofort einsetzt, wenn sie auf sich alleine gestellt sind.

Achtung

Lämmer und Jungziegen sind wahre Ausbrecherkönige.

Hochsicherheitstrakt für den Nachwuchs

Durch ihre unbändige Neugier und ihren Entdeckertrieb sind Ziegen im Allgemeinen dafür prädestiniert, das bekannte Territorium verlassen und zu unbekannten Ufern aufzubrechen. Wenn der **Koppelzaun** und die **Tore** keine Schwachstellen aufweisen, fällt den erwachsenen Tieren eine Abwanderung schwer.

Sie sind findig, werden aber vom Nachwuchs absolut in den Schatten gestellt. Auch hier gilt: Hat erst ein Lamm den Dreh herausgefunden, werden es alle anderen lernen und nachmachen. Ob sie sich nun unter dem straff gespannten, aber vielleicht noch nicht genügend eingewachsenen Drahtzaun durchschieben, ein kleines zu einem großen Loch ausbauen oder gar eine diagonale Eckpfostenversteifung hinaufklettern, um auf die andere Zaunseite zu gelangen – alles ist möglich und noch vieles mehr.

Gut zu wissen

Sie werden nicht alles, was die Lämmer austesten, von vornherein sicher machen können, weil Sie gar nicht auf die Idee kämen, dass auf diese oder jene Weise Ihre Lämmerherde das Weite suchen könnte. Aber Sie sollten generell Ihre Lämmerkoppel doppelt und dreifach sichern, was Umzäunung und Koppeltore betrifft.

Lämmerfütterung

Den Lämmern sollte **Heu** ad libitum zur Verfügung stehen, natürlich auch ein **Minerallleckstein mit Kupfer** und sauberes Wasser, zweimal täglich eine gute Ration **Kraftfutter,** denn die Kleinen wollen ja noch kräftig zulegen. Ist der Winter besonders rau, geben wir täglich in mehreren Bottichen zusätzlich **warme Ersatzmilch** als Energiebombe. **Baumschnitt** und **Tannengrün** sind eine gute Ergänzung bei der Lämmeraufzucht – unsere Sorte hat in diesem Alter leider noch keinerlei Interesse an **Feuchtfutter** wie Rübenschnitzeln oder Obst gezeigt. Man sollte es aber dennoch versuchsweise anbieten.

Wohin mit dem überzähligen Nachwuchs?

Spätestens mit zwölf bis vierzehn Wochen fressen Ihnen die Lämmer die Haare vom Kopf. Sie sind jetzt alle gut entwickelt, man kann unschwer die Kräftigen von den Mickerlingen unterscheiden.

Wenn Sie noch im Aufbaustadium Ihrer Herde sind, werden Sie alle Mädchenlämmer als eigene **Nachzuchten** behalten wollen, um Ihren geplanten Bestand an melkbaren Ziegen zu erreichen. Dann sind nur die Bocklämmer überzählig, die nicht als Zuchtböcke verkauft werden. Haben Sie allerdings Ihr Niveau bereits erreicht, werden Sie auch unter den weiblichen Nachzuchten für Ihre eigene Herdenreproduktion selektieren, wie im Zuchtkapitel beschrieben. Es gibt also auf jeden Fall überzählige Tiere, die Sie nicht behalten wollen und die nun in einem Alter sind, wo sie vom Hof können und müssen.

Gut zu wissen

Wir annoncieren die Lämmer jedes Jahr in der Mitgliedszeitschrift unseres Zuchtverbandes und überregional auf der Internetseite des BDZ (Bundesverband Deutscher Ziegenzüchter) und des VHM (Verband für handwerkliche Milchverarbeitung im ökologischen Landbau). Meist sind die Zuchtlämmer vorab vergeben, denn vernünftige Menschen machen ihre Vorbestellungen, bevor gelammt wird.

Zuchtlämmer

Wenn sich jemand für Zuchtlämmer interessiert, geht im Vorfeld der Austausch des Papierkrams los: Die **Zuchtpapiere** der Elterntiere müssen studiert werden, um festzustellen, welche speziellen Tiere als Eltern der zukünftigen Lämmer für die Käufer interessant und passend sein können und die Herden nicht zu nah – oder besser überhaupt nicht – miteinander blutsverwandt sind.

Dann müssen die Ergebnisse der vergangenen **Blutuntersuchungen** beigebracht werden, um **CAE-Unverdächtigkeit** zu belegen. Außerdem wird in manchen Ländern ein Zuchtbocklamm nur dann gekört und zur Zucht eingesetzt, wenn seine Mutter an mindestens zwei **Milchleis-**

Lucie und Lotta bringen neues Blut aus Herne-Eickel.

tungsprüfungen mit entsprechend guten Ergebnissen teilgenommen hat. Am Ende der Bürokratie steht der frohe Käufer, der die für ihn passenden Lämmer bei Ihnen bekommen kann.

Jetzt werden **Ohrmarken** gesetzt und **Zuchtnachweise** gemäß der **Ablammlisten** beim **Zuchtverband** bestellt. Sollen größere Kollektionen ins europäische Ausland verkauft werden, dann kommt noch das **Veterinäramt** ins Spiel. Denn es bedarf der Einhaltung mehr oder weniger komplizierter Bestimmungen und Verordnungen für einen Zuchttierexport.

Die überzähligen Mädchen gehen jedes Jahr auf diese Weise weg in eine frohe Zukunft, bei den Bocklämmern sieht das etwas anders aus. Da man auch für eine große Herde immer nur zwei oder drei Zuchtböcke braucht und das Geburtsverhältnis meistens halbe-halbe ist, behält man in der Regel sehr viele Bocklämmer übrig.

Ein schwarzer Tag in jedem Jahr

In freier Wildbahn würden die Bocklämmer mit spätestens vier Monaten von den eigenen Müttern, der **Leitziege** und dem **Deckbock** aus dem **Herdenverband** vertrieben. Sie müssten sich zu einem Junggesellenverband zusammenschließen, bei dem noch keines der Tiere über ausreichend Erfahrung und Stärke für das Überleben in der Wildnis verfügt. Das bedeutet: Die natürliche Auslese würde in unbarmherziger Weise zuschlagen und den Bestand der Jungböcke jede Saison bis auf einzelne Tiere dezimieren. So geschieht es beim frei lebenden Rotwild, bei Rehen und verwandten Wildtieren.

In domestizierter Haltung unter Ausschluss dieser Darwinschen Selektion muss der Hirte die Rolle der Natur übernehmen. Das fällt uns bis heute jedes Jahr aufs Neue sehr schwer. Aber es hilft nichts: Niemand kann eine Jungbockherde aufstellen, die nur frisst, Geld kostet und bei der eigenen Ziegenzucht nie zum Einsatz kommen wird.

Sie können natürlich den einen oder anderen prächtigen Lammbock stehen lassen, um ihn als erwachsenes Tier mit der entsprechenden **Körung** besser und teurer zu verkaufen als einen Schlachtlammbock. Aber Sie handeln sich in der Zwischenzeit mit Sicherheit Probleme mit Ihren eigenen Deckböcken ein.

Sie investieren außerdem in ein Tier, von dem Sie nicht sicher sagen können, wie es sich entwickeln wird und ob es dann auch einen interessierten Käufer geben wird. Wir haben uns dafür entschieden, den nicht verkauften Jungböcken mit vier Monaten das „Rote Halsband“ zu geben.

Erster Exkurs zu Verordnungen und Richtlinien: Schlachtung

Die für uns einzig ethisch vertretbare Art der Schlachtung ist die **Hofschlachtung.** Die Tiere bleiben an Ort und Stelle, sie werden nicht durch Unbekanntes beunruhigt, der alte Hofschlachter redet besänftigend auf sie ein, sie bekommen ihren Bolzenschuss und werden sofort ausgeblutet. Unser Schlachter ist ein Meister seines Faches, ein kunstvoller Handwerker, der nie ein Tier quälen oder es leiden lassen würde. Er arbeitet schnell und fachmännisch.

Die Nachfrage nach Milchlämmern ist bei Edelgastronomen groß. Sie dürfen aber Ihr hausgeschlachtetes Fleisch nicht an diese verkaufen. Was bleibt also? Die externe Schlachtung. Das bedeutet: der Transport gestresster Tiere in unbekannte Räumlichkeiten, gestresste Adrenalinausschüttung, die das Fleisch verderben kann.

Wir mussten lernen, dass es nicht einmal damit getan ist, die Lämmer zum nächstgelegenen Metzgereibetrieb zu bringen: unsere kleinen Schlachter weit und breit sind lediglich registriert, nicht aber **EU-zertifiziert** zur Schlachtung Kleiner Wiederkäuer ... Dies sind nur die wenigen Industriebetriebe, riesige Schlachthoffabriken, wo Sie mit Ihren Tieren nach Terminverabredung stundenlang im Geschrei und Gebrüll der anderen Tiere Schlange stehen und die Schlachtung maschinell – und nicht mit Streicheln und Zureden – vonstatten geht. Wir alle kennen dies aus schrecklichen Berichten in der Presse.

Natürlich kommt bei der industriellen Schlachtung am Ende ein wesentlich schlechteres Produkt zustande als bei der Hofschlachtung. Und keiner kann uns erklären, warum ein hofgeschlachtetes Tier, dessen Hirn, Blut und Muskelfleisch vom **Amtsveterinär** und vom Labor untersucht wurden, dessen Schlachtkörper in einer desinfizierten Kühlung hingehängt und spätestens zwei Tage nach dem Schlachten frisch verkauft wird, nicht als verkehrsfähiges Lebensmittel einzustufen ist.

Aber die Dinge sind nun einmal so, wie sie verordnet und definiert werden, es ist leider kein Silberstreif am Horizont der Vernunft und Ethik zu sichten. Im Übrigen stammen einige dieser Gesetze und Richtlinien im Sinne des **Verbraucherschutzes** von Politikern, deren Partei der Tierschutz angeblich sehr am Herzen liegt. Die Frage muss man stellen dürfen, ob es hierbei tatsächlich um den Schutz des Verbrauchers oder nicht eher um den Existenznachweis von Entscheidungsträgern geht.

Gut zu wissen

Sie dürfen hausgeschlachtetes Fleisch lediglich selbst verzehren, eine Abgabe an Dritte – selbst als Naturallohn – ist von Amts wegen strengstens untersagt. Das gilt so in Europa.

Unsere glücklichere Lösung

In den letzten Jahren hat sich ein hiesiger Landwirtschaftsbetrieb, der selber auf Geflügel spezialisiert ist, für die Schlachtung Kleiner Wiederkäuer zertifizieren lassen. Allen ortsansässigen Schafhaltern und unserem Betrieb fiel damit ein großer Stein vom Herzen, denn es entstehen für uns nur eine kurze Anfahrt, keine Wartezeiten der Tiere und auf jeden Fall weniger Stress als in einem industriellen Schlachthof.

Das Melken und die Milch

„Die Ziege, die am meisten meckert, gibt die wenigste Milch.“
(Estnisches Sprichwort)

Es ist zum Glück nicht zwingend, dass der Arbeitstag des Melkers jeden Morgen um halb fünf beginnt. Richtig ist, dass im Zwölfstundenrhythmus gemolken werden sollte: Aber ob Sie dies auf vormittags um neun und abends um neun Uhr einrichten, von sieben bis neunzehn oder von elf bis dreiundzwanzig Uhr – das ist dem Milchvieh völlig gleichgültig. Hauptsache ist, dass Sie den einmal begonnenen Turnus möglichst konsequent beibehalten, leichte Abweichungen von plus oder minus einer halben Stunde schaden den Tieren nicht. Sie können den Rhythmus auch verschieben, aber immer nur im Halbstundentakt, daher dauert

Anmelkkontrolle in die Vormelkschale.

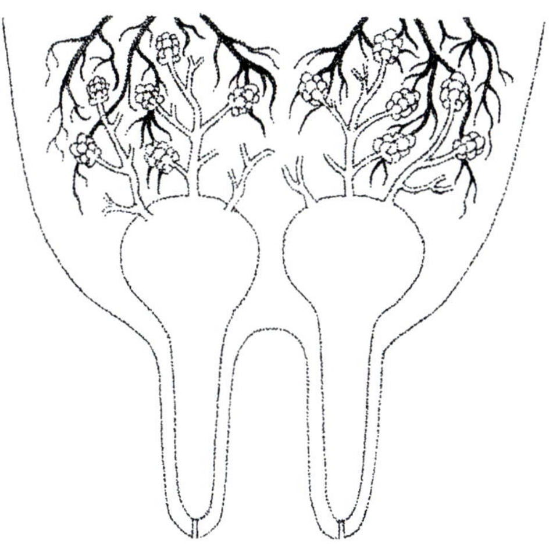

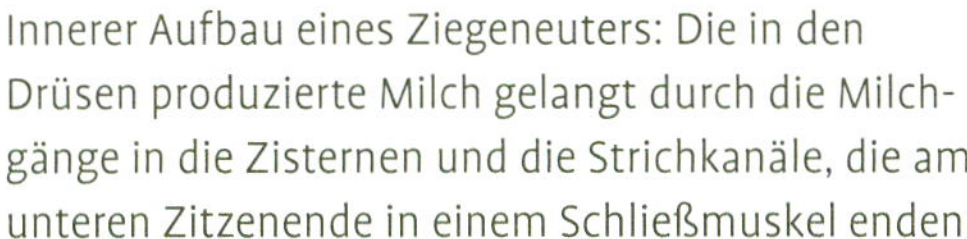

Innerer Aufbau eines Ziegeneuters: Die in den Drüsen produzierte Milch gelangt durch die Milchgänge in die Zisternen und die Strichkanäle, die am unteren Zitzenende in einem Schließmuskel enden.

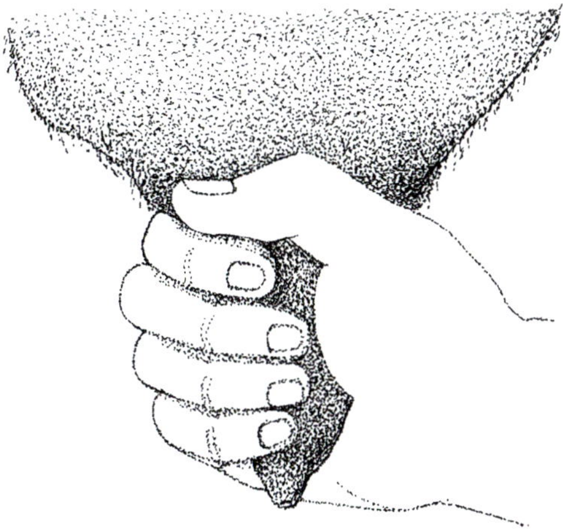

Faustmelken: Daumen und Zeigefinger pressen den Strichkanal zu, die anderen Finger drücken nacheinander von oben nach unten die Milch heraus.

eine Schiebung auf zwei Stunden später und wieder zurück satte acht Tage …

Das Euter der Milchtiere ist äußerst komplex aufgebaut, ein höchst empfindliches, stark durchblutetes und von vielen Nerven durchzogenes Organ, das durch zu hohe Beanspruchung und fehlerhafte Behandlung sehr schnell erkranken kann. Wenn man allerdings beobachtet, wie ruppig und wild die Sauglämmer ab der fünften oder sechsten Lebenswoche mit dem Euter ihrer Mütter umgehen, ohne dass es Schaden nimmt, relativiert sich diese These sehr. Es kommt einfach immer auf das Wie an.

Gut zu wissen

Jedes Kind kann melken, weil es noch keine zivilisatorischen Hemmungen hat. Als Erwachsener haben wir diese Natürlichkeit verloren und müssen sie neu erlernen.

Handmelken – nur eine Methode ist richtig

Da wir Menschen die domestizierte Ziege weitermelken, bevor sie ihre **Lämmer** selber abgesetzt und sich allmählich trockengestellt hätte, sollte unsere **Melkmethode** die Lämmer imitieren. Das saugende Lamm stößt – mit der **Zitze** im Maul – seine Nase immer wieder fordernd, stupsend ins pralle **Euter**. Durch den gleichzeitigen Saugvorgang stellt es einen Unterdruck an der Zitze her und befördert sensorisch den Milchfluss durch sein Stoßen. Wenn wir also melken wollen, sollten wir durch leichtes Klopfen mit dem Handrücken an beiden Euteraußenseiten – das sogenannte **Anrüsten** – den Melkvorgang einleiten. Der Zitzenschließmuskel entspannt sich, die Milch kann zwanglos herausgemolken werden.

Wichtig

Selbstverständlich sind die Hände des Melkers gesäubert und desinfiziert, das Euter und die Striche sauber und bei Verschmutzung mit einem Einwegalkohollöppchen abgewischt. Die ersten drei bis vier Strippe kommen immer von Hand abgemolken in die schwarze Vormelkschale oder – im Zweifelsfall – in den Schalmtest.
Wir geben je einen Tropfen der Testflüssigkeit als Indikator in eine dunkle Vormelkschale (pro Euterseite ein Teller) und melken die ersten Strippen darauf.
Sollte die Keimbelastung in der Milch zu hoch sein, wird das Milcheiweiß sichtbar ausflocken und sich einfärben. Die Milch ist unbrauchbar und die Ziege sollte separat gemolken und tierärztlich untersucht werden.

Dann kommt der Melkbeginn. Diesen starten wir immer per Hand, denn im **Strichkanal** können sich Keime und Bakterien angesammelt haben, die nicht ins Gesamtgemelk für die Käseproduktion gehören.

Um einen leichten Unterdruck herzustellen, empfiehlt sich nur das **Faustmelken**. Dabei wird der obere Teil der **Milchzisterne** mit Daumen und Zeigefinger umschlossen und fest – wirklich fest – zusammengedrückt, um einen Milchrückstau ins Euter zu verhindern. Dann drücken Mittel-, Ring- und kleiner Finger nacheinander die Milch aus dem gefüllten Strich wie aus einem wassergefüllten Luftballon nach unten aus. Der Daumen-Zeigefinger-Ring um die Zisterne wird danach wieder gelockert, bis Milch nachgeflossen ist, dann erneut fest geschlossen, und wie auf der Flöte wird die Milch von den anderen Fingern nach unten hin herausgedrückt.

Auf gar keinen Fall darf an der Zitze gezogen und gezerrt werden oder sie mit dem Daumennagel geknebelt werden, das würde aus einer gesunden Zitze in spätestens zwei Wochen einen Fall für den Notfalltierarzt machen!

Maschinenmelken leicht gemacht

Bis zu zehn Tiere können Sie sicherlich problemlos zweimal täglich von Hand ausmelken. Von da an wird es schwer. Wenn Sie keinen Tennisarm, Sehnen- und Muskelprobleme sowie wegen des Zeitaufwandes keinen Stress haben wollen, was sich letztlich auch auf die zu melkenden Tiere sehr negativ auswirken würde, sollten Sie sich eine **Melkmaschine** anschaffen.

Für den kleinen Betrieb eignet sich auf alle Fälle eine **Kannenmelkmaschine,** die leicht zu handhaben, gut zu reinigen und vernünftig im Investitions- und Wartungsumfang ist. Auch dort gibt es bei unterschiedlichen Herstellern und sehr voneinander abweichenden Preisen sowohl den edlen Porsche unter den Melkmaschinen als auch den erstaunlich günstigen, aber schlichten Trabant, wobei Letzterer sich unserer Erfahrung nach durch enorme Robustheit und günstige Ersatzteile auszeichnet.

Wir haben für unseren inzwischen mittelgroßen Betrieb lieber von einer Kannenmelkmaschine auf zwei davon aufgerüstet, statt die eigentlich geplante **Rohrmelkanlage** zu installieren, weil diese ein Zehnfaches der beiden Kannengeräte gekostet hätte und wesentlich schwerer zu desinfizieren ist. Dafür bleibt uns die ewige Schlepperei mit den Dreißig-Liter-Stahlkannen, was auf Dauer auch nicht angenehm ist – außer man schafft es, die Wege zu verkürzen. Und das ist oft effizienter und einfacher zu bewerkstelligen, als viel Geld in eine Technik zu stecken, die sich auch nach Jahren noch nicht amortisiert hat.

Jeder Betrieb muss dies für sich entscheiden. Es ist durchaus möglich, an sehr günstige, gebrauchte Rohrmelkanlagen für wenige Tiere

Kannenmelkmaschine.

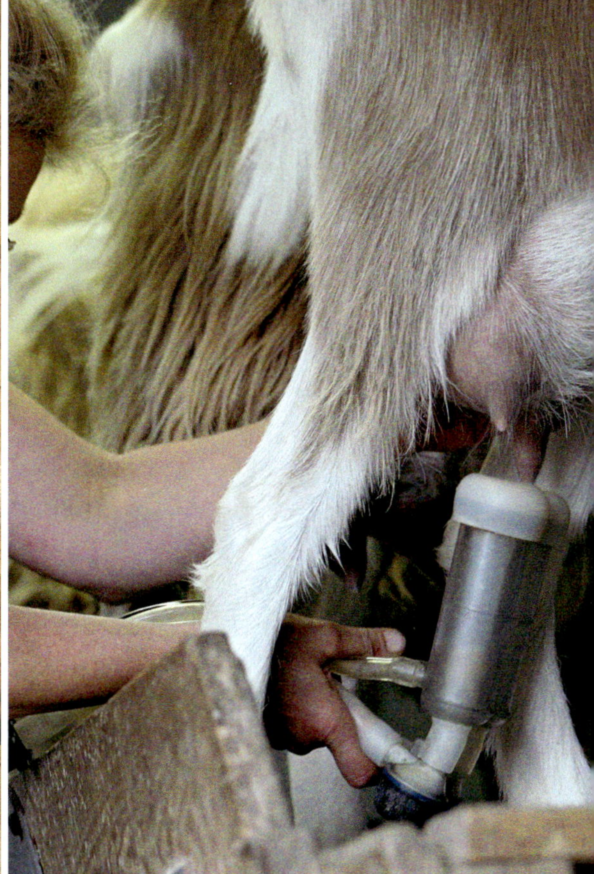

Die Ziegen gewöhnen sich schnell an die mechanischen Sauger.

(sechs bis zwölf) zu kommen, aber diese sind in der Regel für Kühe gebaut. Das bedeutet, man kann zwar **Pulsator** und Unterdruck auf Ziegen herunterregulieren, jedoch nicht den Rohrdurchmesser verkleinern, der bei Kühen mit ihrer hohen Milchkapazität ernorm viel größer sein muss als bei Ziegen.

Also lassen sich diese sehr preisgünstigen Angebote nicht nutzen, denn dadurch, dass die Milchleitungen bei diesen Geräten auf keine Weise auszufüllen sind, würden Sie unvermeidliche und unerwünschte Verkeimungen zwangsläufig mitkaufen.

Das Wunder der Melkmaschine

Die **Melkmaschine** ist grundsätzlich für das zu melkende Tier die bessere Alternative als der Mensch. Die Maschine hat immer denselben **Melkpuls,** die gleiche Frequenz, sie ist nie in Hektik, erkältet oder entnervt. Diese Stetigkeit ist förderlich für die **Eutergesundheit**, die bei aller Milcherzeugung an vorderster Stelle steht. Eine gängige Kannenmelkmaschine verfügt über zwei **Melkzeuge** mit jeweils zwei **Melkbechern** – also für zwei Ziegen gleichzeitig – eine Stahlkanne, einen Pulsator und einen Unterdruckerzeuger mit Messinstrument.

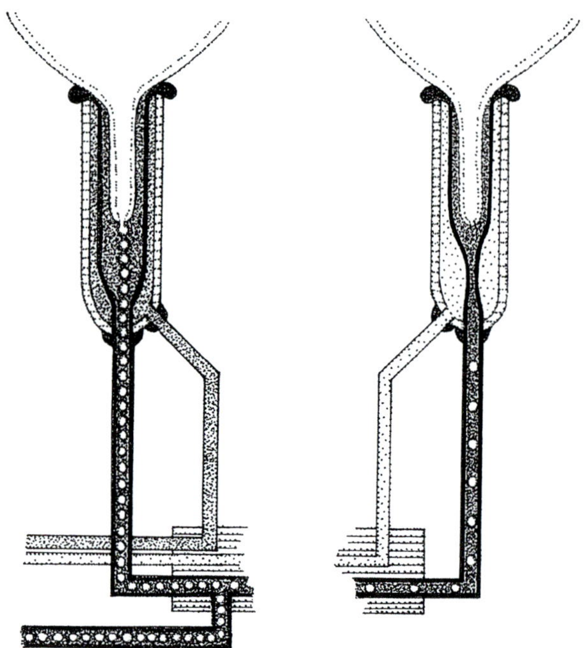

Maschinenmelken mit Zweikammermelkbecher:
Arbeitstakt (links): Saugphase. *Im Innen- und Außenraum herrscht derselbe Unterdruck, Milch fließt aus der Zitze ins Melkzeug.*
Ruhetakt (rechts): Entlastungsphase. *Im Innenraum des Melkbechers herrscht Unterdruck, im äußeren atmosphärischer Druck, Milch fließt in die Zisterne des Euters nach.*

Hinweis

Bei der Erzeugung von Rohmilchkäse empfiehlt sich immer ein vollelektrisches Gerät, ohne Ölschmierung und ohne Dieselantrieb. Für die vier Melkbecher benötigen Sie unbedingt vier Blindstopfen, denn wenn eine Euterhälfte ausgemolken, die andere aber noch unter Milch ist, sollten Sie die leere niemals blind melken, sondern das Melkzeug abnehmen und den Stopfen daraufsetzen.

Im Übrigen ist wegen möglicher Verkeimung immer derselbe Reinigungsgang bei ausgeklinkter Pulsatortätigkeit – also im Volldurchfluss – einzuhalten: vor dem Melken kommt erst Chemie (beispielsweise alkalische oder saure Einheiten in wechselnder Reihenfolge, oder gleich die Keimkeule: **Peressigsäure** in der angegebenen Verdünnung), dann Wasser, nach dem Melken zuerst Wasser – um die Restmilch herauszuspülen – und danach die entsprechende Chemie. Niemals reicht der sogenannte Melkerknicks, wo nur die Melkzeuge kurz in Chemikalien getaucht werden und keine gründliche Schlauch- und Kannenreinigung im Gesamtspülgang erfolgt.

Rohmilch und pasteurisierte Milch

Rohmilch, auch **Vorzugsmilch** genannt, verwendet der Mensch seit ewigen Zeiten zur Herstellung von Molkereiprodukten wie Quark, Joghurt, Käse oder Kefir.

Wenn man die heute geltenden Milch- und Käseverordnungen durcharbeitet, staunt man nicht nur über den immensen Umfang dieser Werke, sondern auch darüber, dass die Menschheit bei all den dort geschilderten Gefahren durch den Verzehr von **Rohmilchprodukten** nicht längst ausgestorben ist.

Richtig ist, dass durch rohe Milch auch sehr gefährliche Krankheiten auf den Menschen übertragen werden können. Daher sind die Verpflichtungen, sowohl durch regelmäßige **Blutanalysen** der Milchtiere als auch durch Laboruntersuchungen von Milch und Käse Krankheiten wie Tuberkulose, Brucellose und Listeriose auszuschließen, sehr vernünftig. Ebenso wird regelmäßig kontrolliert, ob nicht Salmonellen, koliforme Keime, Staphylokokken und ähnliche Gesundheitsfeinde im Herstellungsprozess und damit im Endprodukt auftreten. Allerdings ist die absolut keimfreie Herstellung von Produkten auf dem eigenen Hof nicht möglich – hier sind schlicht und einfach keine klinischen Bedingungen zu schaffen.

Zweiter Exkurs zu Verordnungen und Richtlinien: Rohmilch

Sehr bedenkenswert fanden wir eine Studie der Weltgesundheitsorganisation (WHO), die sich mit der sprunghaften Zunahme von Allergien und Überempfindlichkeiten sowie Lebensmittelunverträglichkeiten in den Industrienationen befasst hat. All diese Krankheitsbilder haben gemeinsam, dass die körpereigenen Abwehrkräfte und **Immunstoffe** des Menschen geschwächt oder nicht ausgeprägt entwickelt sind. Eine Kontrolluntersuchung erwies, dass Kinder, die auf Bauernhöfen aufgewachsen waren, über ein sehr gesundes Immunsystem verfügen und – bis auf wenige Ausnahmen – in keiner Weise zu Allergien neigen. Diese Gruppe war von Geburt an der Stallluft, Keimen, Bakterien und Tieren ausgesetzt und konnte auf diese Weise eigene Abwehrkräfte entwickeln.

Es geht hier einfach um die Bandbreite der direkten Kontamination mit Keimen. Sicherlich ist zu viel immer schädlich und auch krankheitserregend. Wenn aber der Wunsch des Gesetzgebers mehr und mehr zum völlig keimfreien Produkt hin tendiert, muss man sich nicht wundern, wenn die Menschen immer empfindlicher und anfälliger werden.

Nach dem Seihen muss die Milch sofort gekühlt werden.

Hygiene ist wichtig und richtig – gerade und vor allem im Umgang mit roher Milch. Die Panikmache allerdings ist nicht nur überflüssig, sondern auch zu kurz gedacht und falsch.

In der Rohmilch bleiben alle wichtigen und gesunden Bestandteile der Milch bei schonender Verarbeitung erhalten und am Leben. Egal, was Sie aus der Rohmilch veredelnd herstellen: Das Produkt ist lebendig und kann seine wesentlichen Inhaltsstoffe an den menschlichen Körper weitergeben. Pasteurisierte Milch ist tot, ebenso wie alle Produkte, die man aus ihr gewinnt. Wenn man sich dies klarmacht, begreift man den Unterschied zwischen einem pasteurisierten Industriekäse und einem traditionell hergestellten Rohmilchkäse – es ist der gleiche wie zwischen einer Dreiliterflasche Lambrusco und einem Gran Cru Classée de Rothschild.

Pasteurisierte Milch

Sie sind natürlich auf der sicheren Seite, wenn Sie die Milch **pasteurisieren**. Alles was drin war, ist abgekocht. Sie brauchen für diesen Prozess allerdings technische Gerätschaften, die wiederum sehr strengen Richtlinien und Verordnungen sowie TÜV-Kontrollen unterliegen. Denn der Gesetzgeber möchte von Ihnen nachgewiesen bekommen, wie schnell und wie hoch Sie Ihre Milch erhitzt haben und wie lange dieser Vorgang währte.

Dazu braucht man einen **Pasteur** inklusive **Temperaturschreiber**, Interface, Datenlogger und so weiter. Die entsprechenden Nachweise müssen gesammelt, gespeichert und der **Lebensmittelkontrolle** vorgelegt werden. Der Pasteur und sein Zubehör werden regelmäßig vom TÜV überprüft und abgenommen.

Sie machen sich das Leben leichter, wenn Sie pasteurisieren, denn dann kommt es nicht mehr bei jedem Handgriff vom Euter bis zur Käsepresse auf absolute Melk- und **Milchhygiene** an. Andererseits beliefern wir ausnahmslos Kunden im Gourmetbereich, die genau aus den oben genannten Gründen Rohmilchkäse kaufen wollen. Der Markt für pasteurisierte Produkte ist ein anderer.

Info

Die Ausnahme ist Speiseeis aus Ziegenmilch, das wir wegen der hohen Nachfrage seitens der wachsenden Anzahl von Laktose-intoleranten Kunden seit zwei Jahren herstellen: Um aus Milch Eis machen zu dürfen, muss die Milch pasteurisiert oder ultrahocherhitzt werden. Das ist Gesetz und auch richtig so, denn Speiseeis muss aus gutem Grund absolut keimfrei sein.

Melk- und Milchhygiene

Wie auch immer – nach dem **Melken** muss die Milch geseiht werden – hierzu empfiehlt sich ein professionelles Edelstahlsieb mit herausnehmbaren Stahlfiltern, die nach jedem Melken mit in den großen Desinfektionsabwasch wandern.

Anschließend wird die Milch sofort auf vier Grad Celsius heruntergekühlt – entweder in Kannen im **Kühlraum** oder bei größeren Mengen mit einem Tauchkühler. So temperiert, dürfen Sie rohe Milch bis zu vierundzwanzig Stunden unverarbeitet aufbewahren.

Eigenkontrolle der Milch

Alle vierzehn Tage müssen Sie eine Milchprobe aus dem zu verarbeitenden Gesamtgemelk an ein Labor schicken, wo die **Keimzahl** bestimmt wird. Wenn Sie überdies Herdbuchzüchter sind, haben Sie es während der **Laktationsperiode** ja sowieso mit Ihrem **Landeskontrollverband** zu tun, der regelmäßig die vierwöchige **Milchleistungskontrolle** durchführt.

Es empfiehlt sich, die Keimkontrollen im selben Labor bearbeiten zu lassen, um mindestens jedes zweite Mal die Transportkosten für die Proben zu sparen. Die entsprechenden Laborergebnisse müssen Sie ebenfalls sammeln, um sie bei Bedarf der **Lebensmittelhygiene** vorlegen zu können. Außerdem behalten Sie so kontinuierlich den Überblick über die Qualität der Milch Ihrer Ziegen.

Wichtig

Mastitische Milch gehört auf keinen Fall in die Käserei! Sie müssen das Tier ausfindig machen, gegebenenfalls bei unspezifischen Symptomen die Milch ins Labor schicken und einen Erregernachweis führen lassen. Die befallene Ziege wird, wie jedes kranke oder unter Medikamenteneinfluss stehende Tier, immer am Schluss der Herde abgemolken, wenn das Gesamtgemelk bereits aus der Kanne genommen wurde.

Mastitis

Spätestens beim **Abseihen** der Milch sehen Sie, wenn doch etwas nicht in Ordnung sein sollte. Eine beginnende **Euterentzündung (Mastitis)** äußert sich grundsätzlich durch winzige Schleimfäden oder Milchklümpchen, die Sie im Sieb auf Anhieb erkennen können. Ein gesundes Euter ist warm, rosig und – selbst wenn prall gefüllt – immer elastisch. Wird das Euter dunkel, heiß und hart oder ganz blass, kalt und gläsern gilt Alarmstufe Rot!

Die Euterentzündung entsteht meistens aus mehreren zusammenwirkenden Faktoren: Stress, **Melkfehler** wie beispielsweise falsches Handmelken oder Blindmelken mit der Maschine, infizierte Verletzungen, Keime im nicht verschlossenen **Strichkanal**, Bisswunden durch die Sauglämmer oder Ansteckung durch ein bereits befallenes Tier über die **Melkbecher** – es gibt viele Auslöser und nur eine sofort einsetzende und massive Therapie kann diese schwere Erkrankung stoppen und heilen: Abwarten und Teetrinken führt das betroffene Tier nur schneller zum Notschlachter.

Auf jeden Fall ist die Mastitis dringend behandlungsbedürftig – vom Tierarzt werden Sie antibiotische **Strichinjektoren** erhalten, die Sie in das völlig leer gemolkene **Euter** eingeben und von der **Zitze** bis zur **Milchzisterne** hoch massieren. Bei dieser Therapie muss immer die **Wartezeit** für die Verwendung der Milch eingehalten werden und andererseits darf man die Behandlung auch nach Abklingen der Symptome auf keinen Fall zu früh abbrechen. Ansonsten besteht das Risiko, dass man resistente Erregerstämme züchtet. Der Tierarzt selbst wird die Ziege mit **Antibiotika**-Injektionen behandeln, für die dasselbe gilt. Wir haben sehr gute Heilungserfolge mit dem Mittel „Cobactan“ erzielt, das aus der Milchkuhhaltung stammt und für Milchziegen entsprechend geringer dosiert angewendet werden sollte.

Gut zu wissen

Bei Milchvieh mit Euterentzündung ist es neben der therapeutischen Medikation ratsam, spätestens alle vier Stunden das Euter völlig auszumelken, damit die vorhandenen Erreger sich nicht immer weiter vermehren können. Man nannte dieses Vorgehen früher zu Recht „Gesundmelken“.

Für das Ausbrechen einer Mastitis kommen sehr unterschiedliche Erreger infrage, die man mit geübtem Auge anhand der Art und Weise der

Milchveränderungen erkennen kann, besser aber im Labor durch einen professionellen **Erregernachweis**. Auch die Heilerfolge hängen vom Erregertyp ab. Der schlimmste und heimtückischste Feind von allen ist der *Staphylokokkus aureus*, dessen Nachweisgrenze auch im Käse nur sehr geringfügig sein darf, und der nur sehr schwer in den Griff zu bekommen ist.

Wir kennen Milchziegenbetriebe, die ein damit befallenes Tier sofort aus dem Bestand aussondern, um auf Nummer sicher zu gehen. Bei uns bekommt auch ein solcher Fall die zweite Chance und wird intensiv tierärztlich behandelt. Nach der Genesung jedoch sollte man im Abstand von weiteren acht bis zehn Wochen eine neuerlich Milchuntersuchung des Tieres durchführen lassen, um auszuschließen, dass sich der Erreger nirgendwo versteckt hat.

In der Folge gilt: **Lämmer** einer jemals mit *Staphylokokkus aureus* befallenen Ziege sollten auf keinen Fall in die Zucht gehen! Denn selbst wenn das laktierende Tier gesunde Milch gibt, ist die Wahrscheinlichkeit groß, dass sich der Erreger in seinen inneren Organen verkapselt hat und bei einer **Trächtigkeit** auf die Lämmer übergeht: Das Tier ist eine wandelnde Zeitbombe. (Auch das ist ein Grund dafür, Zuchtlämmer nur bei seriösen und erfahrenen Züchtern zu erwerben.)

Die Käserei

„Die Ziege wollte einen langen Schwanz haben und hat ihn nicht gekriegt – nun sind wir auch mit ihrem Käse zufrieden.“ (Irisches Sprichwort)

Nach dem langen, langen Weg bis zur lebensmittelrechtlich sauberen Milch stehen Sie jetzt vor der eigentlichen Königsdisziplin: Sie machen eigenen Käse.

Bauliche und technische Bedingungen

Dazu braucht es eine **Käserei**, deren Lage, Ausstattung und Equipment wiederum aufs Genaueste gesetzlich definiert sind. Grob gesagt, am Wesentlichsten sind folgende Bedingungen:

- Die Käserei darf keinen direkten Zugang zum Stall oder anderen Bereichen haben, in denen sich Tiere aufhalten.
- Alle Wände und Fußböden müssen gefliest sein, ein Bodenabfluss muss vorhanden sein.
- Vor Fenster und Türen gehören Fliegenschutzeinrichtungen.
- Alles Mobiliar und alle Utensilien in der Käserei – Tische, Spüle, Kessel, Rührwerkzeuge und Milchkannen sowie Käseformen und Labwannen – müssen entweder aus Edelstahl oder aus molkeresistentem Kunststoff und leicht zu reinigen sein.
- Der Käser selbst trägt am besten Kleidung, die den ganzen Körper einschließt, mindestens aber gilt ein Schuhwechsel sowie Haarnetz, Gummischürze und Gummihandschuhe als bindend.
- Wände, Böden und das gesamte bewegliche Zubehör der Käserei (bis auf den Käse selbst) müssen nach Gebrauch desinfiziert werden.

Für die Desinfektion gibt es unterschiedliche Mittel, die auf einer Lebensmittelhygieneliste amtlich zertifiziert sind. Leider werden sie allesamt für den industriellen Bedarf hergestellt. Man bekommt sie also nur in großen Gebinden und in hoher Konzentration. Auch hier haben

Hier wartet der fertige Ziegenkäse bei +5 Grad Celsius auf den Verkauf.

wir gute Erfahrungen mit Mitteln auf **Peressigsäure**-Basis gemacht.

Achtung Amt!

Holen Sie sich bei allen Anschaffungen vom **Käsekessel** bis zum **Desinfektionsmittel** Rat und Informationen beim für Sie zuständigen **Veterinäramt** und den dort tätigen Lebensmittelkontrolleuren. Denn diese Mitarbeiter werden früher oder später sowieso auf Ihrem Hof stehen – sie haben praktisch hoheitliche Befugnisse und sehr viele Einzelaspekte der Hygiene sind dem jeweiligen Ermessen des Sachbearbeiters überlassen.

Das heißt: Es gibt immer wieder Überraschungsbesuche, bei denen alles abgetupfert wird, um möglichen Keimen auf die Spur zu kommen, bei denen man Lab-, Milch- und Käseproben zieht, die im amtlichen Labor untersucht werden, bei denen Sie Ihre Keimkontrollergebnisse, Laboranalysen, Arzneimittelbestandsbücher und vieles andere auf den Tisch legen müssen. Sie kommen um den Amtskontakt nicht herum – es empfiehlt sich also, die Sache aktiv anzugehen und mit offenen Karten zu spielen.

HACCP – weltraumtaugliches Produzieren

Wollen Sie Ihren Käse nicht nur selber essen, sondern auch verkaufen können, kommen Sie um eine **EU-Zertifizierung** gemäß der **HACCP**-Richtlinien nicht drumrum. Hazard Analysis and Critical Control Points (Gefahrenanalyse und kritische Lenkungspunkte), kurz HACCP, wurde 1959 von der amerikanischen NASA in Auftrag gegeben, um ein absolut sicheres Kontrollsystem für die Herstellung von keimfreier Astronautennahrung zu entwickeln. In Ermangelung eigener Phantasie hat die EU dieses System für die Herstellung sämtlicher im EU-Raum hergestellter und in Umlauf befindlicher Lebensmittel übernommen. Mit einem Wort: Sie können jetzt unseren Käse und unser Speiseeis auch getrost im Weltraum verzehren!

Berge von Papieren

Wie bei allen diesen wunderbaren bürokratischen Verpflichtungen bekommt man es zunächst mit einem Wust an Papierkram zu tun: Unser

Antrag auf Zertifizierung umfasste einen ganzen Aktenordner von bindend zu erstellenden Listen, Layout-Plänen der Betriebsräume, Grundrissen (maßstabsgerecht!) mit Trinkwassernetzplänen, Produktionswegen (Weg der Milch – Weg des Käses), Reinigungs- und Desinfektionsplänen, Sicherheitsdatenblättern, Schädlingsbekämpfungsplänen aller Betriebsstätten, Beschreibungen der Herstellungsprozesse und der Hygieneprophylaxe, Festlegung der Eigenkontrollen, Rückverfolgbarkeitssysteme, aller Untersuchungsergebnisse von Milch, Blut, Käse, Trinkwasser und zu guter Letzt ein aktuelles polizeiliches Führungszeugnis, um die Zuverlässigkeit des Käsers nachzuweisen ... (Als ob ein ehemaliger Panzerknacker keinen guten Käse machen kann!)

Wenn am Schluss alles richtig gemacht worden ist, bekommt man eine EU-Nummer, die nunmehr auf jedem Etikett, an der Wand der Käserei und sichtbar in allen Verkaufsstellen erscheinen muss. Außerdem erhöht sich die Kontrollfrequenz der Behörden um vier Quartalsuntersuchungen pro Jahr, die man nun auch selbst bezahlen darf. Die Besuche der Lebensmittelkontrolleure oder des Amtsveterinärs in gleicher Sache sind ja für den Geprüften kostenfrei.

Hinweis

Die Erteilung der Zertifizierung und somit auch das Zulassungskennzeichen sind in erster Linie an die Produktionsstätte und die zugelassene Produktionsweise und nicht an die ausführende Person gebunden. Somit kann der Käser seine Zulassung nicht einfach irgendwo anders hin mitnehmen. Wenn die Produktionspalette erweitert oder verändert wird, bedarf es eines Erweiterungsantrages und einer erweiterten Neuzulassung.

Hilfe in der Not: der VHM

Die EU-Zertifizierung werden Sie auf jeden Fall in enger Zusammenarbeit mit dem für Sie zuständigen Veterinäramt vorbereiten, erstellen und beantragen. Wenn die Beamten der übergeordneten Landesbehörde zur Abnahme vor Ort kommen, wird Ihr Amtsveterinär dabei sein – letztlich ist er für Ihren Betrieb der nächst Zuständige. Daher wird es auch in seinem eigenen Interesse sein, Sie nicht vor die Wand laufen zu lassen.

Trotzdem: Es kann aufgrund der monumental umfangreichen Milch- und Käseverordnungen durchaus zu Irritationen zwischen Ihnen und Ihren Lebensmittelkontrolleuren kommen, zumal all diese Rechtswerke ständigen Modifizierungen und Änderungen unterworfen sind. Da es für einen Nichtjuristen relativ beschwerlich ist, die dort verwandte Sprache und manch eine verklausulierte Ausdeutung auf Anhieb in die Praxis zu übertragen, braucht man Unterstützung und Hilfestellung.

Diese bekommt man beim Verband für handwerkliche Milchverarbeitung (VHM), der sich mit nichts anderem beschäftigt, als

Praktikumsstudentin Sabine beim Milchsäurewecken.

die jeweilig aktuelle Rechtslage für seine Mitglieder in verständliche und praktische Vorgaben zu übertragen. Zudem vertritt der Verband seine Mitglieder bei Meinungsverschiedenheiten mit der Lebensmittelhygiene, auch wenn es um deren Kontrollfrequenz oder die Beurteilung von Laborwerten der Käseuntersuchungen und deren Auswirkungen auf die **Verkehrsfähigkeit** des Produktes geht.

Achtung

Die für die Verkehrsfähigkeit von Käse zulässige Keimbelastung ist bei Rohmilchkäse naturgemäß etwas toleranter als bei Käse aus pasteurisierter Milch.
Bei Ziegenkäse jedoch versagt der übliche Phosphatase-Test, der nachweist, dass es sich um pasteurisierte Milch handelt. In Ziegenmilch kommt Phosphatase gar nicht vor!
Mit vielen amtlichen Laboren entstehen daher Differenzen, weil sie mit diesem Test fälschlicherweise eine für Rohmilchkäse übertrieben niedrige Toleranzgrenze für Fremdkeime festlegen.

Käsesorten und Zutaten

Anders als in anderen europäischen Ländern ist die Kunst des Käsens in Deutschland kein Lehrberuf. Für die **Hofkäserei** benötigen Sie außer der EU-Zertifizierung keinen Befähigungsnachweis, bis auf ein amtliches Papier für Beschäftigte im Umgang mit Lebensmitteln gemäß des Infektionsschutzgesetzes, das Sie nach einer kurzen Belehrung beim zuständigen **Gesundheitsamt** erwerben können.

Ab einer sehr großen Menge zu verarbeitender Milch müssen Sie einen Molkereifacharbeiter oder -meister einstellen, dann aber befinden Sie sich bereits im industriellen Bereich. Käsemachen ist also einerseits learning by doing, andererseits gibt es hervorragende Literatur zu dem Thema (oder auch unsere Workshops).

Aus Ziegenmilch können unzählige, wunderbare Käsesorten hergestellt werden – sowohl aus Rohmilch als auch aus pasteurisierter Milch. Das Spektrum reicht von Feta-ähnlichem jungen Käse über halbfesten Schnittkäse bis zu Gouda und Appenzeller, vom Camembert über Weichkäse bis zu Roquefort.

Tipp

Am besten Sie schauen einem geübten Käsemacher über die Schulter, der Ihnen auch die entsprechenden Tricks und Kniffe beibringen kann, die Sie unter Umständen in der gängigen Literatur gar nicht finden.

Mikrobielle Helfer und anderes

Auf jeden Fall benötigen Sie an unabdingbaren Zutaten einen zuverlässigen **Säurewecker** – am besten als **Direktstarter** in gefriergetrockneter Kultur mit immer gleichbleibenden Resultaten. Dann braucht es noch **Lab,** um den Prozess der Bildung von Käsebrücken zu beschleunigen. Bei pasteurisierter Milch fallen viele der natürlichen Säuerungs- und Eindickungsfermente sowie Enzyme der Milch durch das Abkochen aus – hier müssen Sie zusätzliche Stoffe einsetzen, um die Käsungsprozesse in Gang zu setzen.

Zusätzlich zu Kräutern, Nüssen oder Pfefferkörnern, Kümmel oder getrockneten Tomaten können Sie experimentieren, was das Zeug hält, um einen hofspezifischen Käse zu entwickeln.

Das Prinzip des Käsens

Die Entstehung von Käse aus Milch ist prinzipiell immer gleich und verläuft in drei Schritten, es variieren lediglich die für jede Käseart unterschiedlichen **Milchsäurekulturen**, die verschieden großen Zeitfenster und die leicht zu variierenden Temperaturen.

Schritt 1 – Säuern

- Zunächst wird die Milch im Kessel erwärmt (bei **Rohmilch** immer auf 32 Grad) und – um trotz Abweichungen der **Milchzusammensetzung** qua Futter, Jahreszeit, Hormongeschehen dasselbe Ergebnis in immer der gleichen Zeit zu erhalten – **Milchsäurekulturen** beigefügt. Sie sollen die sowieso in der Milch befindlichen Säurebakterien ermuntern, sich schneller zu vermehren, sind praktisch eine von außen kommende Verstärkung. Netterweise fressen sie bei ihrer Vermehrung auch die störenden coliformen Keime auf, die womöglich in der Milch vorhanden waren. Dieser **Säuerungprozess** ist kurz bei Schnittkäse (ca. 45 Minuten), mittel für Feta (ca. 1 Stunde), lang für Frischkäse und Quark (ca. 6 Stunden).

Schritt 2 – Einlaben

- Eine entsprechende Menge **Lab** wird der vorgesäuerten Milch beigefügt – für festen Käse mehr, für Feta weniger, für Frischkäse am wenigsten. Auch die **Einlabzeit** varriiert entsprechend – für festen Käse kurz (ca. 40 Minuten), für Feta etwas länger (ca. 45 Minuten), für Frischkäse gerne über Nacht.

Schritt 3 – Käseteig von der Molke trennen

- Beim **Schnittkäse** werden wir den Bruch schneiden, danach von Hand und später mit einem Rührwerk ausrühren, bis die Bruchkörner die Konsistenz von gekautem Kaugummi haben, dann kommt der Käse in die Form, wird halbstündlich gewendet und einige Stunden lang im Kessel warm bebrütet.

Bruchabschöpfen aus der Molke für den kleinen Hauskäse.

Gut zu wissen

Die Veredelung des Käses mit Schimmelkulturen – sei es Rotschmiere oder Blauschimmel – ist ein Handwerk für sich und verlangt unbedingt separate Arbeits- und Lagerräume, denn die Schimmelpilze breiten sich sonst aggressiv in der gesamten Käserei und jedwedem Käse aus, den Sie machen wollen.

Gut zu wissen

Es gibt den mysteriösen isothermischen Punkt, an welchem sich nach der Labzugabe die Käsebrücken zunächst ganz zart zu bilden beginnen. Stoßen Sie bei diesem Prozess an den Kessel an, zerbrechen sie unrettbar – Sie erhalten lediglich Dickmilch und es wird kein Bruch entstehen.

- Beim **Feta** wird der Bruch geschnitten und dann ruhen gelassen, bis die Molke ausgetreten ist. Dann wird der Käseteig in Formen geschöpft und täglich gewendet.
- **Frischkäse** wird dickflüssig in Quarksäcke gefüllt und zum Ausmolken auf einen Ablauftisch gelegt oder über einer Wanne aufgehängt.

Weiterberarbeitung

- Der **Schnittkäse** wird noch lange gepflegt, gewaschen, gewendet, bespaßt, bis sich eine eigene **Käserinde** gebildet hat und der Käse mindestens drei Monate gereift ist (daher ist er auch im Verkauf am teuersten).
- Der **Feta** ist nach etwa drei bis vier Tagen verkäuflich. Er hält sich aber auch nicht so lange wie der Schnittkäse.
- **Frischkäse** aus Rohmilch ist nach einem Tag ausgemolkt und verkaufsfertig. Er darf nur eine Woche lang in den Verkehr gebracht werden.

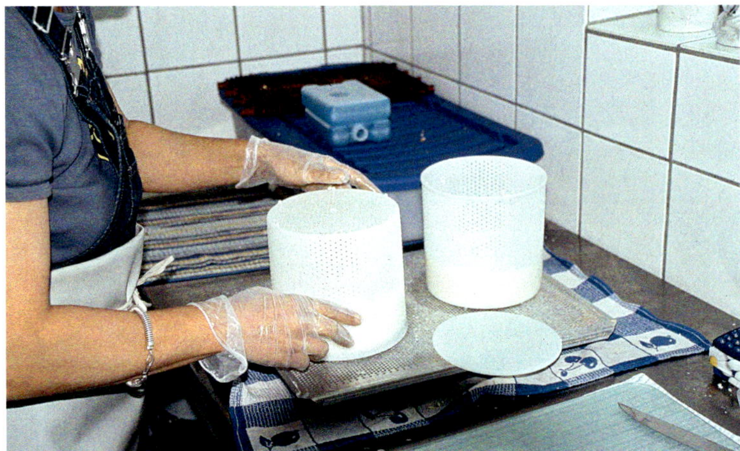

Die Käselaibe werden gestürzt und gewendet.

Unser Hauskäse – schnell und unkompliziert

Ein Patentrezept für Käse gibt es nicht. Sie werden nach eigenen Experimenten eine für Sie richtige Richtung finden und das Ergebnis verfeinern und ausarbeiten.

Für den Anfang sei jedoch unser Feta-artiges Hauskäserezept – auch für kleine Milchmengen (zwanzig bis vierzig Liter) – verraten, das schnell und relativ einfach zu einem vorzeigbaren und schmackhaften Ergebnis führt. Dafür genügt ein Edelstahlzylinder, der in einem Wasserbad – wie beispielsweise in einem Einkochtopf – aufgeheizt wird.

- Sie erwärmen das Abend- und das fettere Morgengemelk zusammen auf etwa 32 °C. Der Milch geben Sie die entsprechende Menge an **Direktstarter** (**Milchsäurebakterien = Käsekultur**) bei, den Sie unterquirlen. Die säuernde Milch muss nun eine Stunde lang auf ihrer Ausgangstemperatur gehalten werden.
- Dann gießen Sie sie in eine Labwanne um und fügen die errechnete Menge **Lab** hinzu, das Sie langsam in Achten einrühren, damit die Rührbewegung physikalisch gleich wieder ausgebremst wird. Die Wanne wird verschlossen und darf keiner Erschütterung ausgesetzt werden.
- Nach spätestens einer Stunde setzt sich in der Einlabwanne bereits grünlich gelbe **Molke** ab und die **Dickete,** eine gallertartige, weiße Masse, hat sich gebildet.
- Jetzt schneiden Sie diese Masse zu **Bruchwürfeln** mit einer Bruchharfe oder einem stumpfen Bruchmesser: zunächst quer, dann längst, dann horizontal in Säulchen und Würfelchen, die deutlich voneinander getrennt bleiben sollen. Diese Würfelmasse können Sie vorsichtig durcheinanderrühren und danach weiter stehen lassen, damit mehr Molke austritt. Je kleiner die Würfelchen geschnitten werden, desto fester wird später der Käse.
- Nach einer weiteren Stunde hat die Bruchwürfelmasse einen lose zusammenhängenden Teig inmitten der Molke gebildet. Sie schöpfen den Bruch nun mit einem Schaumlöffel oder einer Schuffe, einer gelochten Schaufel, in gelochte Käseformen ab.
- **Würzen**: Zu der Bruchmasse geben Sie Salz und gegebenenfalls Gewürze wie Nüsse oder grünen Pfeffer, Schnittlauch, Ingwerstückchen oder was Ihre Phantasie so hergibt. Das Ganze wird in der Form vorsichtig vermengt und durchgeknetet, glattgestrichen und mit einem Pressdeckel verschlossen.
- Die gefüllten Käseformen setzen Sie auf ein schräges Ablaufblech mit Auffang, damit die austretende Molke abfließen kann.
- Nach einem Tag müssen die Formen gewendet werden, das bedeutet: Sie stürzen den Rohkäse auf seinen Pressdeckel und nehmen die Lochform ab. Dann setzen Sie einen frischen Deckel auf die oben liegende Unterseite und wenden den Käse in eine saubere Form. Jetzt kann bereits ein Pfundgewicht auf den Pressdeckel gestellt werden.
- Das Wenden und zunehmende Beschweren des Käses geht täglich vonstatten. Nach drei bis vier Tagen sollte der Käse festgepresst und entmolkt sein, er kommt jetzt zum Trocknen in den Milchkühlschrank auf desinfizierte Käsematten. Dort wird er weitere drei bis vier Tage gewendet.

Danach heißt es: „Guten Appetit!“ Ihr erster und einzigartiger, handgefertigter Käse ist verzehrbereit.

Was alles noch im Argen liegt

„Käme es auf den Bart an, so könnten die Ziegen predigen.“
(Dänisches Sprichwort)

Wir wären keine echten Bauern, wenn wir nicht immer jammern und klagen würden. Entweder war der Sommer zu heiß und die Heuernte deshalb miserabel oder der Sommer war zu nass und das Getreide durch die nötige Nachtrocknung zu teuer. Entweder gab es dieses Jahr zu viele Bocklämmer oder die Mädels haben uns die Haare vom Kopf gefressen, um leider nur relativ wenig Milch zu geben. Entweder war der Winter zu streng und die Wasserleitungen im Stall sind andauernd eingefroren oder der Winter war zu mild und wir und die Tiere werden jetzt von Ungeziefer geplagt ... Allerdings gibt es außerhalb dieses Standardkanons an Klagen auch noch wirklich Ärgerliches zu erfahren, wenn man einen Milchziegenhof hat.

Die angebliche Gleichstellung der Kleinen Wiederkäuer

Als Kleine Wiederkäuer gelten rechtlich und anatomisch Schafe und Ziegen. Daher sind diese in einigen Gesetzestexten der EU logisch richtig zusammengefasst und als gleich zu behandelnd dargestellt. Im Detail ist das leider nicht so.

Es gibt bei Schafhaltung **Subventionsgelder** für alles Mögliche: Ablammprämien, Förderungen für artgerechte Haltung, Förderungen für die Schafhaltung zur Landschaftspflege und vieles Schöne mehr, das wir mit unseren gehörnten Kleinen Wiederkäuern auch betreiben – aber ...

Aber: Die Ziege als solche ist heutzutage ein Exot. Das sah vor nicht einmal hundert Jahren noch völlig anders aus, als es allein in Deutschland Millionen von Ziegen, zum größten Teil in Kleinsthaltungen gab. Es existieren sogar heute noch Fördermittelanträge der EU, auf welchen Schaf und Ziege benannt werden. In Deutschland aber hat man ganz oben in der Politik festgestellt, dass die Ziege ursprünglich ein Gebirgstier ist. Sic! Und daher werden die entsprechenden EU-Fördermittel nur in deutschen gebirgsnahen Regionen wie Bayern und Baden-Württemberg ausgegeben.

Diese Förderpraxis wird sich jedoch bald schon wieder gänzlich ändern, wenn das Verfahren der **Cross Compliance** erst einmal umgesetzt ist, wo es nur noch nach bewirtschafteten landwirtschaftlichen Flächen geht.

Engagement zahlt sich aus

Um aus Jammern und Klagen ein produktives Resultat zu ziehen, raten wir jedem zukünftigen oder bestehenden Milchziegenhofbetreiber, in die entsprechenden Zucht- und Bauernverbände einzutreten, um dort die Verbandspolitik mit zu bestimmen. Nur wenn wir mehr werden und unsere Interessen vernünftig aufeinander abstimmen und öffentlich vertreten, können wir Verbesserungen und Veränderungen für alle erreichen.

Service

Jahresarbeitskalender

Januar/Februar: Lammzeit!

- Sie sind voll und ganz mit den lammenden Ziegen und dem neugeborenen Nachwuchs beschäftigt.
- Der allererste **Käse** kann hergestellt werden, wenn bei Einlingsgeburten die Ziegenmutter einseitig Milch ohne Abnehmer produziert. Sind genügend Formen, **Käsekulturen** und **Lab** vorhanden? Alles, was für die volle Produktion noch fehlt, sollte jetzt nachgerüstet und bevorratet werden.
- Die erste **Milchleistungskontrolle** erfolgt sechs Wochen nach dem Ablammen des ersten Muttertieres. Die **Keimkontrollen** der Milch müssen erfolgen, bevor Sie Käse vom Hof geben.
- Die **Lämmerkoppel** und der **Lämmerstall** müssen für den Umzug der Kleinen vorbereitet werden. Ist der Zaun auch wirklich oben, unten und überall dicht?
- Den abgelammten Muttertieren und Böcken muss für die Tests Blut abgenommen werden, um Krankheiten auszuschließen, die sich über Milch und Käse übertragen lassen.
- Die frischen Mütter werden jeden Tag für zwei bis drei Stunden an die frische Luft gelassen, während der junge Nachwuchs im Stall bleibt, um in aller Ruhe **Getreide** zu fressen und herumzutoben.

März/April: Die Käsezeit fängt an!

- Von jetzt an bis Ende Oktober werden Sie jeden oder jeden zweiten Tag Käse machen. (Wenn Sie durchmelken rund ums Jahr!)
- Die **Lämmer** werden abgesetzt und kommen auf die Lämmerkoppel. Nach dem Verkauf geht es ans **Schlachten** der übriggebliebenen, die Sie für die eigene Nachzucht nicht brauchen können.

- Die noch nicht gekennzeichneten Tiere werden jetzt mit **Ohrmarken** versehen, wenn sie in der Zucht bleiben sollen.
- **Klauenschneiden** bei erwachsenen Tieren!
- Das große Ausmisten der über die kalte Jahreszeit aufgestreuten dicken Strohmatratzen in den Ställen und Koppelunterständen kann beginnen.
- Die **Milchleistungskontrolltiere** arbeiten jetzt alle und müssen acht Monate lang beprobt werden.

Mai/Juni: Heuernte!

- Die erste **Heumahd** ist immer besser und inhaltsreicher als die zweite: deshalb jetzt so viel Heu einlagern wie irgend möglich.
- Wenn der Platz nicht ausreicht, kann über den Sommer eine **Heumiete** unter freiem Himmel angelegt werden, abgedeckt mit einer großen Siloplane bleibt das Heu gut erhalten, sollte aber trotzdem immer zuerst verfüttert werden.
- **Klauenschneiden** für die **Lämmer!** Beim ersten Mal gibt es gern Gewöhnungsschwierigkeiten, also mehrere Tage einplanen, damit es nicht zu anstrengend wird.
- Die erste **Käse-Laboranalyse** steht an – vermutlich auch die erste **Quartalskontrolle** für Ihre zertifizierte Käserei.
- Die laktierenden Ziegen können zwar nachtsüber im Stall gehalten werden, dürfen aber auch gerne auf den Koppeln übernachten: Das gibt bessere Milch und gesündere Tiere.

Juli/August: Deckzeit!

- Die Herden werden gemäß **Herdbuch** aufgeteilt und die **Zuchtböcke** zum **Decken** von ihrer Junggesellenkoppel zu den jeweils passenden Damen gebracht. Die nachgezogenen Lämmermädchen – wenn sie nicht zu jung sind und als Überläufer ein Jahr lang nachwachsen sollen – kommen dazu.
- Zweite **Heumahd.**
- Das zweite **Heu** muss eingebracht werden. Jetzt sollte gut berechnet werden, wie hoch der Jahresbedarf sein wird.
- Reicht die Heumenge noch nicht aus, sollte man lieber jetzt gleich dazukaufen: im Winter nachher ist es teurer.
- Getreideernte. Kaufen Sie jetzt den benötigten Vorrat an **Getreide** für Ihre Kraftfuttermischungen.
- **Klauenschneiden** für alle erwachsenen Tiere.
- Der **Bocksstall** wird ausgemistet, damit die beiden Kavaliere ein renoviertes Zuhause vorfinden, wenn sie die Damen wieder verlassen müssen.

September/Oktober: Koppelpflege!

- Die am stärksten beanspruchten **Koppeln** werden nun für die Ziegen gesperrt und mit der mittelschweren oder leichten Egge durchgezogen. Der Misthaufen wird ausgebracht und die Koppeln gegebenenfalls zuvor mit kaltkeimenden Dauerweidegräsern nachgesät.
- Die **Böcke** werden in ihr Bocksquartier zurückgebracht. Das kann Anfangsschwierigkeiten zwischen den Herren erzeugen, also: gefüllte Wassereimer zur Abkühlung immer in Reichweite!
- In den **Ställen** kann jetzt mit der **Tiefstreu** begonnen werden, kein regelmäßiges Ausmisten mehr, sondern der Aufbau einer wärmenden Unterschicht für die kalte Zeit.
- **Feuchtfutter** – wie Rüben oder Futtermöhren – wird im Erdkeller oder einer Strohmiete draußen eingelagert.
- **Baumschnitt** wird auf den Koppeln verabreicht. Achtung: kahl genagte Äste wegen möglicher Verletzungsgefahr wieder absammeln.

November/Dezember: Ruhezeit?

- Die Käsesaison ist vorüber (außer wenn Sie durchmelken), also verabschieden Sie sich bis Ende Februar von Ihren Stammkunden.
- Die gesamte **Käserei, Melkstände** und **Melkmaschinen** müssen jetzt grunddesinfiziert werden. Stellen Sie alles auf den Kopf, schrauben auseinander und wieder zusammen, schrubben, scheuern und wienern, lassen jeden Keim in Strömen von Chemie ersterben ...
- Die Ziegendamen sind trockengestellt (bis auf die **Durchmelker**). Verabreichen Sie die **Kraftfutterration** jedoch weiterhin auf dem **Melkstand**: So verlernen die Altziegen nicht den Ablauf und die Erstlingsmütter können sich schon mal an die Prozedur gewöhnen.
- **Klauenschneiden** und **Wurmkur** für alle (Achtung: **Wartezeiten** beachten für die Durchmelker!).
- **Feuchtfutter** muss ab jetzt bis Ostern zugefüttert werden, denn es gibt nichts Grünes mehr draußen.
- Die Vorbereitungen fürs **Ablammen** laufen ebenfalls auf Hochtouren: Rotlichtlampen und Nuckeleimer müssen überprüft werden, das notwendige technische und medizinische Zubehör soll komplett, sauber und griffbereit zur Verfügung stehen.
- Tagsüber kommen die trächtigen Damen immer für ein paar Stunden ins Freie zur Bewegungstherapie.

Epilog

Man könnte meinen, dass wir hier am Rande der zivilisierten Welt so langsam aber sicher kulturell veröden und im langweiligen Nacheinander des sich ständig wiederholenden Tagwerkes hohldrehen. Aber das Gegenteil ist der Fall! Denn obwohl wir selber nicht mehr nach Belieben in die bunte Glitzerwelt eintauchen können, kommt stattdessen die Welt zu uns nach Palmzin ...

Internationale Gäste

Eine Delegation des Schweizerischen Ziegenzuchtverbandes (mit Dolmetscher!) hat uns besucht; Züchterkollegen aus Italien, Österreich und anderen europäischen Ländern haben Ihre Erfahrungen mit uns hier vor Ort ausgetauscht und Zuchtlämmer gekauft; der Landwirtschaftsminister des Kosovo mit seiner Entourage hat sich bei uns schlaugemacht; eine vierköpfige Molkereigenossenschaft aus Indien wollte mit uns über alternative Produktionsverfahren ohne Strom und fließendes Wasser sprechen und lud uns für drei Monate nach Mittelindien ein; eine sehr imposante Frauengruppe aus Südafrika war hier, die ihre Dorfmärkte mit selbstgemachtem Ziegenkäse bereichern will – und viele interessante Menschen mehr, die andere Sprachen, Kulturen und Hautfarben nach Palmzin bringen.

Menschen zum Anfassen und Kennenlernen, Leute mit vielen neuen und spannenden Anregungen aus ihrer eigenen Erfahrungswelt und mit witzigen Geschenken im Gepäck: Die farbigen Damen beispielsweise gaben spontan ganz Palmzin ein sehr, sehr lautes und mitreißend improvisiertes Gospelkonzert zum Abschied, die Inder brachten merkwürdige und wunderschöne Gebetsketten für die Gesundheit der Tiere mit und die Schweizer? Natürlich ein multifunktionales Schweizer Taschenmesser!

Studenten

Wir sind Anlaufstelle für Studenten des Ökologischen Landbaus der Fachhochschule Eberswalde und haben jeden Sommer eine junge Studentin hier, die ihr praktisches Semester bei uns verbringt und viele Erkenntnisse mitnimmt, aber zu unserem Glück auch welche von ihren brandaktuellen hierlässt (und bei passender Gelegenheit auch statt uns nach Indien reist).

Workshop-Teilnehmer

Unsere vielen Workshop-Gäste bereichern uns sehr – angefangen beim betagten ehemaligen Chefkoch aus dem Münsterland, der endlich wissen will, wie guter Käse entsteht; über die Großmutter aus Sachsen-Anhalt mit ihren zwei halbwüchsigen Enkelmädchen, die jedes Jahr aufs Neue erfahren sollen, wie das richtige Leben geht; bis zum Manager-Ehepaar aus der Großstadt, das nach Burn-Out und Mobbing endlich eine gute Lebenserfahrung machen möchte und sich einen eigenen Ziegenhof aufbauen will. Dazu kommen die vielen unterschiedlichen Menschen, die bei uns Selbstversorgung mit Ziegen lernen wollen: Bewohner von bunten Bauwagen genauso wie Upper-Class-Villenbesitzer aus Süd und Nord, Ost und West.

Was bleibt

Jeder unserer Besucher bringt seine Lebensgeschichte mit. Und jeder von ihnen geht mit ganz neuen Erfahrungen nach Hause zurück. Aus vielen dieser Begegnungen erwachsen nachhaltige Beziehungen, manchmal Freundschaften, immer aber gute gemeinsame Momente und ganz spannende Geschichten, neue Impulse, geteilte Freude über unerwartete Fähigkeiten und zu guter Letzt: tragfähige Netzwerke zwischen uns Ziegenfreunden.

Unser Käse

Wir stellen inzwischen neun verschiedene leckere Gourmet-Käse-Sorten her und drei Variationen Ziegenmilcheis für Allergiker, haben extrem viele treue (und auch einige weniger treue) Kunden bei Hotels und Gastronomie des Umlandes, beglücken sehr verschiedene Käufergruppen mit unterschiedlichsten Ansprüchen und Vorlieben auf den Touristen- oder Wochenmärkten an der Ostsee, werden von vielen Käsefans regelmäßig auf unserem Hof heimgesucht.

Unsere Tiere

Hinsichtlich unserer Tiere sind wir der felsenfesten Überzeugung, dass es ihnen allen prächtig bei uns geht – auch wenn einzelne Interessengruppen das manchmal anders interpretieren: die Durchmelkerinnen, welche Bock haben, aber erstmal keinen bekommen; die achtköpfige Katzenbande, welche kollektiv satt, dick und glänzend ist, aber gerne noch ultimative Leckerlis bis zum Abwinken bekäme; die drei Border Collies, die nach getaner Arbeit immer ganz vorwurfsvoll und sehr demonstrativ vor uns rumstehen und quengeln: *Und? Was machen wir JETZT???* Aber gut. Irgendwas ist immer und bei so vielen ist irgendwer immer unzufrieden.

Wir selber können von uns mindestens sagen: Wir sind mit dem hier vollauf zufrieden und rundum glücklich und voller Gottvertrauen. Es geht uns prächtig – prächtiger als je zuvor in unserem Leben und das schon ziemlich lange!

Es ist das Rad des Lebens, das wir ungefiltert und völlig direkt erfahren, durchleben, mitmachen – ob wir wollen oder nicht. Es gibt keinen Knopf zum Ausschalten oder Wegzappen. Geburt und Tod, Werden und Vergehen, Gewinn und Verlust, grünender Frühling, üppiger Sommer, erstarrter Winter. Kraniche und Gänse kommen her und ziehen wieder fort.

Wir selber werden immer älter, wie alles um uns herum – *und wären froh, beizeiten jemanden zu entdecken, der hier in Palmzin das für sich finden möchte, was wir gefunden haben.*

Wir verneigen uns diesmal nur vor unserer seit vielen, vielen Jahren treuen Rechten Hand – Joachim Jendrzejska aus Zornow (denn er ist bestimmt der Einzige, der dieses Buch noch mal liest, von all den ehedem zuvor Bedankten):
Niemals – egal wo – haben wir jemanden kennengelernt, der dermaßen zuverlässig und belastbar und loyal und verantwortungsvoll und hilfsbereit und umsichtig und freundlich und ehrlich ist – und so selten schlechte Laune hat – wie er!

Wir sind gespannt, wie es weitergeht.
Mit uns, dem Leben und den Ziegen.

Andrea Kurschus & Günter Klebingat
Palmzin

Literatur

DLG-Futterwerttabellen für Wiederkäuer. DLG-Verlag. Frankfurt 2007.

Erkens, C.: Homöopathie für Schafe und Ziegen. Verlag Eugen Ulmer. Stuttgart 2006.

Freith, B.: Unser Schaf- und Ziegenhof. Verlag Eugen Ulmer. Stuttgart 2009.

Gahm, B.: Würste, Sülzen, Pasteten selbst gemacht. Verlag Eugen Ulmer. Stuttgart 2006.

Gahm, B.: Hausschlachten. Verlag Eugen Ulmer, Stuttgart 2008.

Gahm, B.: Fleisch räuchern und pökeln. Verlag Eugen Ulmer. Stuttgart 2011.

Gall, Christian: Ziegenzucht. Verlag Eugen Ulmer, Stuttgart 2001.

Kielwein, Gerhard: Leitfaden der Milchkunde und Milchhygiene. Pareys Studientexte Nr. 11, Blackwell-Wissenschafts-Verlag, Berlin l994.

Kirchgeßner, M., Roth, F. X., Schwarz, F. J., Stangl, G. I.: Tierernährung, DLG-Verlag, Frankfurt 2008.

v. Korn, S., Jaudas, U., Trautwein, H.: Landwirtschaftliche Ziegenhaltung. Verlag Eugen Ulmer. Stuttgart 2007.

Kühnemann, H.: Ziegen. Verlag Eugen Ulmer. Stuttgart 2008.

Sambraus, H. H.: Farbatlas Nutztierrassen. Verlag Eugen Ulmer, Stuttgart 2011.

Sambraus, H. H.: Gefährdete Nutztierrassen. Verlag Eugen Ulmer, Stuttgart 2010.

Sambraus, H. H.: Taschenatlas seltene Nutztiere. Verlag Eugen Ulmer. Stuttgart 2010.

Scholz, W.: Käse aus Schaf- und Ziegenmilch. Verlag Eugen Ulmer, Stuttgart 1999.

Snell, H.: Aufzucht, Mastleistung und Schlachtkörperwert von Ziegen der Produktionsrichtungen Milch, Fleisch und Faser unter besonderer Berücksichtigung des Milchkonsums durch die Lämmer. Cuvillier Verlag, Göttingen 1996.

Strobel, H.: Klauenpflege bei Schaf und Ziege. Verlag Eugen Ulmer. Stuttgart 2009.

Winkelmann, J.: Schaf- und Ziegenkrankheiten. Verlag Eugen Ulmer. Stuttgart 2005.

Hütehunde

Chifflard, Hans; Herbert Sehner: Ausbildung von Hütehunden. 2. Aufl. Verlag Eugen Ulmer, Stuttgart 2004.

Coren, Stanley: Die Intelligenz des Hundes. Rowohlt Verlag, Reinbek 1997.

Jones, H. Glyn; Barbara C. Collins: Mein Leben mit Border Collies. Günter Piepenbrock Verlag, Bielefeld 1998.

Neville, Peter: Hunde verstehen – Alltag. Droemersche Verlagsanstalt, München 1993.

Zeitschriften

Schafzucht – Das Magazin für Schaf- und Ziegenhalter

Verlag Eugen Ulmer, www.schafzucht.de

Schäfereikalender

Verlag Eugen Ulmer, www.schafzucht.de

Er schließt die Ziegen mit ein und enthält die aktuellen Adressen **sämtlicher Ziegenzuchtverbände** in Deutschland, Österreich und der Schweiz sowie viele weitere wichtige Informationen.

Adressen und Internet

Der Verlag Eugen Ulmer ist nicht verantwortlich für den Inhalt von Internet-Links.

Milch und Käse
VHM
Verband für handwerkliche Milchverarbeitung im ökologischen Landbau e. V.
Alte Poststraße 87
85356 Freising
Tel. 08161–787 36 03
Fax 08161–787 36 81
E-Mail: info@milchhandwerk.info
www.milchandwerk.de

Landwirtschaft
Deutscher Bauernverband e. V.
Claire-Waldoff-Straße 7
10117 Berlin
Telefon: 030–31 90 40
www.bauernverband.de

Hersteller

Nachfolgend möchten wir diejenigen Hersteller und Firmen nennen, mit denen wir selbst seit Jahren rundum zufrieden sind, sowohl was Produkte als auch Preis-Leistungs-Verhältnis, Kundenservice und die hilfreiche Beratung betrifft. Es gibt natürlich viele weitere, ein Gesamtverzeichnis kann man über den VHM beziehen.

Ergänzungsfuttermittel (speziell für Wiederkäuer und Milchvieh)
Bergophor – Dr. Berger GmbH & Co. KG
Kronacher Straße 13
95326 Kulmbach
Telefon: 09221–80 60
www.bergophor.de

Käsereibedarf (Geräte, Kulturen, Formen, Lab)
Bunte Kuh – Jay Brady
Hinterdorfstraße 18
36154 Hainzell
Telefon: 06650–15 60
www.kaesereibedarf.de

F. Jürgensen OHG
Alte Dorfstraße 13
21376 Luhmühlen
Telefon: 04172–961492
www.fritz-juergensen.de

Melkausrüstung (Melkmaschinen, Kühlung)
Itec GmbH
Zum Kalkberg 11
04910 Elsterwerda
Telefon: 03533–16 16 72
www.itec-gmbh.net

Bildquellen

Fotos

Ganzlin, Steffen: 12, 20, 26, 31 li., 31 re., 33, 34, 36, 40, 43 re., 47, 50, 73, 78, 85, 94 li., 94 re., 97, 99 o., 99 u., 101, 107, 117 li., 119, 127, 128, 137 u.
Klebingat, Günter: 38
Krohn, Frithjof: 52
Kurschus, Andrea: 19, 64, 109, 124 und Titelfoto
Manzek, Anne: 2, 7, 8, 13, 15, 18, 25, 29, 41, 48, 56, 58, 61, 59, 65, 71, 80, 82, 83, 84, 86, 90, 92, 111, 114, 117 re., 141
Manzek, Klaus: Umschlagrückseite
Penner, Sabine: 45, 51, 53, 55 u., 62, 67, 69, 125
Schefeldt, Torsten: 5, 22, 54, 89, 137 o.

Zeichnungen

Die Zeichnungen fertigte Elinor Weise.

Register

A

Ablammbox 44, 100
Ablammen 17, 31, 68, 72, 91, 98
Ablammlisten 36, 112
Ablenkungsfütterung 64, 69, 95
Absetzen 73
Absonderungsbucht 44
Abstammung 30, 89
Aggressivität 77
Allergien 119
Alpha-Gruppe 79
Alterskasse 26
Amputation 42
Amtsveterinär 24, 113, 125
Antibiotika 105, 121
Appetitlosigkeit 76
Arbeitsschutz 49
artgerechte Tierhaltung 12
Arzneimittelbestandsbuch 75
Aufeutern 98
aufstampfen 85
Ausbildung des Hundes 53
Ausmolken 128

B

Bachblütenpräparate 76
Bauernverband 24
Baumschnitt 57, 60, 110
Beleuchtung 48
Belohnung 87
Belüftung 48
Berufsgenossenschaft 26
Besatzstärke 18
Bestandsmeldung 27
Beta-Gruppe 79
Betriebsform 24
Betriebshilfe 26
Betriebsnummer 24
Biestmilch 93, 106
Blauspray 68
Blindmelken 50
Blutuntersuchungen 36, 39, 110
Bockgeruch 50
Bocklämmer 110
Bockshaltung 15, 49
Bockskoppeln 15
Bockskörung 34
Bonitur 33
Brucellose 119
Bruch 127, 129
Bruchharfe 129
Brunst 13, 34, 84
Brunstzeit 14, 37, 50, 57
Bundesverband Deutscher Ziegenzüchter 110

C

CAE 39, 110

D

Dasseln 40, 72
Dauerventilation 48
Dauerweide 51
Deckbock 15
Decken 67, 94, 95
Deckzeit 13, 38, 91, 93, 96
Desinfektion 102, 123
dickes Gesicht 63
Dickete 129
Direktstarter 126, 129
Direktvermarktung 11, 15
Domestikation 73, 77
Doppelkennzeichnung 37
Drillingsgeburten 98
Drohgebärde 85
Duftsekret 14
Durchfall 63, 74
Durchmelken 93, 97

E

Egänzungsfuttermittel 60
Einlabzeit 127
Einzelgemelkprobe 31
Ektoparasiten 39, 72, 91
Elektroumzäunungen 52
Endoparasiten 63
Enthornung 42
Entwurmen 74
Erbkrankheiten 28
Erregernachweis 121, 122
Ersatzmilch 110
Erstlingsziegen 32, 34, 101
Euter 34, 73, 115, 117
Euterbrand 73
Euterentzündung 40, 73, 121
Euterkontrolle 51, 83, 98
EU-zertifiziert 113, 125
EU-Zertifizierung 11, 25, 124

F

Farbmarkierung 108
Faustmelken 115
Fehlfütterung 63
Fellpflege 45, 66, 72
Fensterklappen 49
Fertigfuttermischungen 60
Feta 128
Feuchtfutter 60, 65
Fleischrassen 30
Flöhe 74
Fluchtauslöser 18, 79, 82, 88
Flushing 93, 94
Freilaufstall 46
Fressplatz 45
Fruchtbarkeit 30
Fruchtblase 101
Führungswechsel 79
Fütterung 59, 60, 74, 83

G

Gebärmutter 102, 105
Geburt 83
Geburtshilfe 102
Geburtskanal 102
Geburtsutensilien 75
Geschlechtsinspektion 105
Gesundheitscheck 51
Gesundmelken 121
Getreide 19, 62
Gewürznelken 74
Grünfutter 63
Grünland 15, 19

H

Haarlinge 72
HACCP-Richtlinien 124
Haltungsform 87
Hängeeuter 28
Hauskäse 128
Herdbuchführer 33
Herdbuchnummern 36
Herdbuchpapiere 30
Herde 14, 28, 49, 79, 82
Herdenschutzhund 15, 54
Herdenverband 109, 112
Heu 19, 59, 65
Heuraufen 46
Heuschober 17
Hierarchiebildung 79, 109
HIT-Registriernummer 27, 31
Hitzestress 17
Höchstleistungstiere 29
Hofkäserei 126
Hofkontrolle 49
Hofschlachtung 112
Hofverkauf 20
Hörner 42, 66, 72, 77, 85
Hornlosigkeit 41
Hufteer 68
Hygiene 124

I

Imitation 90
Imponierposen 85
Industriekäse 12, 120
Infektionen 105
Infektionsschutzgesetz 126
Insektenplage 72
Inzucht 28, 38, 93
isothermischer Punkt 127

J

Junggesellenquartier 38, 93

K

Kannenmelkmaschine 116
Käsebrücken 127
Käseformen 129
Käseküche 98
Käsekultur 129
Käsematte 129
Käsen 93, 116, 126
Käserei 11, 24, 27, 123
Käserinde 128
Käsesorten 126
Keimbelastung 116, 126
Keimzahl 121
Kennzeichnungspflicht 36, 108
Ketose 93
Klagelaute 83

Klauen 29, 66, 75
Klauenschneiden 10, 68
Kleine Wiederkäuer 28, 113, 130
Klettersteine 45, 51, 57, 70
Knotengitter 55
Kolostralmilch 105, 106
Kontrollbuch 54
Koppelgebrauchshund 54
Koppelgras 57
Koppeln 18, 51, 57, 66
Koppelpfähle 55, 74
Koppeltore 52, 88, 98, 110
Körpersprache 83 f.
Körung 33, 112
Kotkonsistenz 63
Kraftfutter 19, 51, 60, 96, 98, 100, 110
Kreislaufkollaps 70
Kühlraum 120
Kupfer 48, 60, 110

L
Lab 126, 129
Laboruntersuchungen 119, 124
Lagerung 65
Laktationsphase 60
Lamellentüren 50
Lämmer 68, 73, 108
Lämmerfütterung 110
Lämmerkoppel 108, 110
Lämmerlockruf 83
Lämmerpech 106
Lämmerschlupf 47
Lämmerstarter 106
Lammnummer 106
Lammzeit 47, 77, 96
Landeskontrollverband 31
Lautbefehle 87
Lebenserwartung 29
Lebensmittelkontrolle 24 f., 120, 124 f.
Lebensmittelrecht 11
Leitziege 79, 82, 87, 94
Lernfähigkeit 77
Liegefläche 45
Listeriose 119

M
Mädchenlämmer 34, 110
Magensystem 64
Magenverstimmungen 74
Maschinenmelken 116
Mastitis 73, 74, 121
Mastlämmer 30
Melken 93
Melkfehler 121
Melkkontrolle 50
Melkmaschinen 98
Melkstand 50 f., 83, 98, 100
Mikrochips 36
Milben 72, 74
Milcheiweiß 116
Milcherzeugung 24
Milchhygiene 120
Milchleistung 17, 29, 30, 63, 73
Milchleistungskontrolle 93, 112, 121
Milchprobe 121
Milchsäurekulturen 126 f., 129
Milch- und Käseverordnung 119
Milchverwertung 28
Minerallecksteine 60, 110
Moderhinke 66
Molke 129
Mücken 40, 74
Mütter-Töchter-Bindungen 80

N
Nabelschnur 101, 104 f.
Nachblutungen 72
Nachgeburt 105
Nachzuchten 110
Nassfutter 17
Naturheilmittel 72
Nervenzusammenbruch 70
Neugier 77, 109
Notbeleuchtung 48

O
Obst 110
Ohrenspiel 84
Ohrmarken 36, 108, 112

P
Paarungsverhalten 84, 95
Panik 89
Pansenflora 63, 76
Pasteur 120
pasteurisierte Milch 118
Peressigsäure 118, 124
Pflegestand 69
Phosphatase-Test 126
Plastiklamellen 49
Presswehen 101

Q
Quetschungen 76

R
Raufutter 59, 63
Raumklima 48
Regenschutz 56
Reibungsflächen 45
Rohmilch 118
Rohmilchkäse 118, 126
Rohrmelkanlage 116
Rüben 19, 60, 110

S
Sandkuhlen 51
Sauglämmer 84, 115
Schalmtest 116
Schlachtung 112
Schlafregal 108
Schnittkäse 127 f.
Schwankungen der Milchleistung 63
Schwanzwedeln 84
Schwergeburt 102
Schwimmergeburt 102
Selbstentzündung 65
Selbsttränkebecken 46
Selbstverwurmung 19

Sicherheitskriterien 49
Silagefütterung 62
Sonnenbrand 40
Speiseeis 120
Stall 17, 44 f., 72, 75
Stallapotheke 75
Stallbuch 11
Stalleinrichtungen 75
Stallfenster 49
Stallhaltung 66
Stallklima 17, 63
Stallparasiten 74
Staphylokokken 119, 122
Stechfliegen 74
Steißgeburt 104
stille Brunst 93
Stress 113
Strichkanal 73, 105, 115
Striegel 72

T
Tageslichtlampen 48
Tandemmelkstand 51
Tannengrün 74, 110
Tiefstreuboden 47
Tierkennzeichnungsspray 108
Tierschutzverordnung 24, 42
Tierseuchenkasse 27
Trächtigkeit 122
Trennungszeit 108
Trockenstehphase 74, 93, 96
Tuberkulose 119

U
Übermelken 50
Umzäunung 52, 54, 110
Unterstand 49, 56, 98

V
Veranlagung 90
Verbiss 57
Verbraucherschutz 24, 113, 131
Verdauungsprobleme 76
Vererbungsschäden 28
Vergiftung 27, 65
verkehrsfähiges Lebensmittel 113, 126
Verlammung 27
Verstauchungen 76
Verwurmung 19, 52, 74
Veterinäramt 24, 112, 124
Viehverkehrsverordnung 24
Vitamingabe 60, 98
Vorbuchtiere 30
Vormelkschale 116
Vorzugsmilch 118

W
Waisenkinder 106, 108
Wärmedämmung 18
Wartezeit 28, 72, 74 ff., 121
Wehenrhythmus 102
Wehenschwäche 104
Werbungsverhalten 94
Widerstandsfähigkeit 29
Witterung 63
Wunddesinfektion 76

Z
Zähne 34
Zecken 40, 72, 74
Zertifizierung 125
Zickleinnester 45, 47
Ziegenböcke 14
Ziegenmilch 11
Ziegenrassen 14
Ziegenzüchtung 29
Ziegenzuchtverband 30
Zuchtböcke 11, 30, 97, 110
Zuchtbücher 30, 36, 93
Zuchtlämmer 110
Zuchtnachweise 110, 112
Zuchttierexport 112
Zuchtverband 33, 110
Zuchtwahl 77
Zuchtziel 30
Zwitterbildung 41

Haftungsausschluss: Autor und Verlag haben sich um richtige und zuverlässige Angaben bemüht. Eine Garantie kann jedoch nicht gegeben werden. Haftung für Schäden und Unfälle wird aus keinem Rechtsgrund übernommen. Der Tierhalter sollte bedenken, dass er in eigener Verantwortung handelt.
In diesem Buch sind die Namen von Medikamenten, die zugleich eingetragene Warenzeichen sind, als solche nicht besonders kenntlich gemacht. Es kann also aus der Bezeichnung der Ware mit dem für diese eingetragenen Warenzeichen nicht geschlossen werden, dass die Bezeichnung ein freier Warenname ist. Die Markennamen wurden nur beispielhaft aufgeführt.
Hinsichtlich der in diesem Buch angegebenen Dosierungen von Medikamenten usw. wurde mit größtmöglicher Sorgfalt vorgegangen. Gleichwohl werden die Leser aufgefordert, zur Kontrolle die entsprechenden Beipackzettel der Hersteller heranzuziehen.

Bibliografische Information der Deutschen Nationalbibliothek
Die Deutsche Nationalbibliothek verzeichnet diese Publikation in der Deutschen Nationalbibliografie; detaillierte bibliografische Daten sind im Internet über http://dnb.d-nb.de abrufbar.

Wollgrasweg 41, 70599 Stuttgart (Hohenheim)
E-Mail: info@ulmer.de
Internet: www.ulmer.de
Lektorat: Dr. Eva-Maria Götz
Herstellung: Silke Reuter
Umschlagentwurf: Atelier Reichert, Stuttgart
Satz: pagina GmbH, Tübingen
Druck und Bindung: Firmengruppe APPL, aprinta druck, Wemding
Printed in Germany

ISBN 978-3-8001-7749-3